重庆市百千万工程领军人才项目资助

高山村空间
识别与规划对策研究

——以重庆市为例

李 静 著

中国建筑工业出版社

图书在版编目（CIP）数据

高山村空间识别与规划对策研究：以重庆市为例／李
静著. —北京：中国建筑工业出版社，2019.1
ISBN 978-7-112-23215-4

Ⅰ.①高… Ⅱ.①李… Ⅲ.①乡村规划－研究－重庆
Ⅳ.①TU982.297.19

中国版本图书馆CIP数据核字（2019）第016605号

本书通过结合现有研究与实践的梳理，总结并提出高山村合理而明确的概念内涵，运用引入地理信息大数据与空间分析手段的识别方法开展重庆市高山村的实证研究，分析和探索高山村的分布规律、发展现状与特征，以及在不同的资源禀赋和发展条件下的差异性，进而提出符合重庆市发展实情和政策实施的高山村规划发展模式，为高山村发展模式的提出与政策优化提供参考。

全书内容共6章，包括：第1章 绪论，第2章 国内外理论研究与实践，第3章 高山村概念界定与空间识别，第4章 重庆高山村现状分析与综合分类，第5章 重庆高山村规划对策与案例，第6章 结论与展望。

本书可供高山村的规划研究人员及科研院校参考使用。

责任编辑：边　琨　王华月
版式设计：锋尚设计
责任校对：姜小莲

高山村空间识别与规划对策研究——以重庆市为例
李　静　著
*
中国建筑工业出版社出版、发行（北京海淀三里河路9号）
各地新华书店、建筑书店经销
北京锋尚制版有限公司制版
北京中科印刷有限公司印刷
*
开本：787×1092毫米　1/16　印张：13¾　字数：265千字
2019年3月第一版　2019年3月第一次印刷
定价：89.00元
ISBN 978 – 7 – 112 – 23215 – 4
　　　　（33286）

目录

第 1 章

绪论

1.1 研究背景

农村地区仍是城乡统筹和全面小康社会目标实现的关键。根据国家统计局发布的国民经济运行情况，2015年我国乡村常住人口6.03亿人，占总人口比重的43.9%。在世界经济普遍不景气的环境下，如何持续促进农民收入稳定较快增长、加快缩小城乡差距；在全国资源环境约束趋紧的背景下，如何有效转变农村产业发展方式、加强生态环境保护；在老龄化、空心化问题逐渐突出的趋势下，如何合理引导农村空间格局、提升基本公共服务水平，这些仍是广大农村地区需要正面面对和合理解决的主要难题。2001~2015年，全国城乡绝对收入差距由4494元提升至19773元，城乡收入比（城镇居民可支配收入/农村居民纯收入）则经历了"U"字形发展路径，从2010年开始逐年下降，但至2015年仍为2.73。乱砍滥伐、开垦及不合理经营仍是森林等重要生态系统退化的主要原因（刘国华等，2000）。

高寒边远地区的农村成为贫困人口的主要分布区。在人类改造自然、利用自然的能力未达到高水平之前，自然环境往往是人们贫困的最根本原因（李秉龙，2004）。Minot等对越南农村贫困研究发现，偏远的东北和中部高山地区贫困发生率最高（Minot，2005）。2007年国家民委公布的民族自治地方农村贫困监测结果发现，随着扶贫开发的进一步深入，剩余贫困人口越来越集中分布在少数民族贫困地区，而这些地区往往是高寒边远、交通条件较差的地区。据人民网报道，2013年，重庆市尚有1284个村、167万人未脱贫，相当数量的农村群众分布在渝东南、渝东北的高寒边远、深山峡谷和石漠化地区（人民网，2013.2.4）。

高寒边远地区的农村也是特色自然景观、生态资源和乡土文化的富集区。重庆是山水之城，其中市级风景名胜区、自然保护区大多数分布在高山地区。全市现有4个自治县、14个民族乡和1个享受民族自治地方优惠政策的区，有少数民族人口193.7万人；现有的74个传统村落中，近45%的村落分布在海拔800m以上的高海拔地区。这些地区是重庆市少数民族文化的主要传承地和物质载体。

高寒边远地区农村扶贫与特色化发展已成为重庆市推动乡村社会经济发展的重要战略。2013年，《重庆市人民政府关于加快推进高山生态扶贫搬迁工作的意见》（渝府发〔2013〕9号）提出，为了早日从根本上摆脱恶劣自然条件对生存和发展的约束，努力使贫困地区加快全面建成小康社会的步伐，计划从2013年起，用5年时间完成高山生态扶贫搬迁50万人，至2017年基本完成阶段性的任务。与此同时，对于特色资源禀赋突出、发展条件较好的高山地区农村，重庆市重点支持和指导其发展优势特色产业，作为扶贫脱困的重要途径。《重庆市人民政府办公厅关于印发重庆市建设国际知名旅游目的地"十三五"规划的通知》（渝府办发〔2016〕225号）中明确提出，在整村扶贫、片区扶贫、高山生态移民扶贫过程中，留足旅游发展用地，引导社会资本参与乡村旅游扶贫开发建设；依托世界自然遗产、高山森林及峡谷等资源，拓展观光旅游景区休闲功能，深度开发景区周边旅游资源。与观光旅游结合，市政府和区县政府重点支持高山生态蔬菜规模化种植，辅以绿色蔬菜认证和农业部中国地理标志产品认证等措施，促进高山区域农民增收、脱贫。2015年，重庆全市高山蔬菜常年基地面积达30万亩，总产量达到60万吨。

高寒边远地区的农村的基本情况和主要问题各不相同，相应的发展策略、扶贫政策也需要因地制宜。但目前，关于高寒边远地区的农村的相关研究和识别方法相对较少，相关研究和实践的开展需要首先回答"哪些是高山村?"、"高山村分布在何处?"、"高山村的现状与问题是什么?"、"什么样的规划发展模式适合高山村?"等问题。在此基础上，在重庆开展高寒边远地区农村的精准识别，有差异化地给出规划发展策略，既是开展精准扶贫、确保如期实现脱贫攻坚目标的重要基础，也是引导其可持续发展、发挥规划的战略统领作用的客观要求。

1.2　研究目的与意义

1.2.1　研究目的

高山村地理分布特征明显，在生态环境、社会经济发展上具有特殊性，是城乡统筹、全面小康社会目标实现、高寒边远地区生态扶贫搬迁、新农村建设等战略在空间上叠置的区域，情况相对复杂。科学确定高山村的发展道路，是有效落实上述战略的关键，也是发挥多项战略空间叠置效应、促进高山村可持续发展的重要保障。但需要首先回答"哪些是高山村?"、"高山村分布在何处?"、"高山村的现状与问题是什么?"、"什么样的规划发展模式适合高山村?"等问题。

本研究以重庆高山村为研究对象，以地理信息大数据为基础，以空间分析为主要技术手段，构建高山村的定量化、可视化识别模型和分析框架，并将其运用于全市的高山村的精准识别与现状分析实证研究中，对其进行适用性研究。在此基础上，结合高山村资源禀赋、发展潜力等条件的综合评估，客观区分搬迁型高山村和保留型高山村，进而提出适合于不同类型高山村的、差异化的规划发展模式，尝试对上述问题的回答进行相对系统的探索。具体的研究目的包括三个方面：（1）在总结相关研究的基础上，给出"高山村"的概念内涵，进而提出基于空间分析方法的识别方法，丰富"高山村"概念内涵、创新识别方法；（2）以重庆市为例，开展"高山村"定量识别方法的实证分析，并借助地理空间数据对识别出来的"高山村"进行系统的现状分析和问题的剖析，为相关研究的开展和对策建议的提出提供基础性支撑；（3）面向生态扶贫搬迁、高山村特色村发展，提出适宜搬迁和适宜保留的不同类型村落的发展与规划对策，为重庆"高山村"的可持续发展提供启示。

1.2.2　研究意义

高山村一般位于高寒边远地区，既是多类帮扶政策的倾斜对象，也多是自然资源丰富、乡土文化富集之处。开展高山村理论与实证研究，为自然地理、社会经济、乡土文化特色明显的高山村找寻合理地规划发展之路，具有明显的理论和现实意义。

理论意义。明确对象概念内涵、形成客观的识别方法，是理论研究开展和政策精准实施的前提。目前关于高山地区农村发展的研究较多，对高山村的理解一般为高海拔地区的农村，但多少海拔以上可以被认定是高山村，除了海拔是否还需考虑其他要素，尚未有明确的定论，关于高山村的内涵的完整阐述也相对较少。梳理现有文献的相关表述，从高山村的突出特征出发，明确其概念内涵，可以为以高山村为特定对象的研究开展提供有益的启示。其次，结合概念内涵阐释，引入地理信息大数据和空间分析手段，开展高山村空间精准识别的方法研究，有助于该领域研究方法的丰富。再次，本研究尝试构建的"空间识别→现状分析→特征总结→问题探索→发展对策"的研究框架，能为确定高山村发展模式、制定高山村发展政策的实证研究的开展提供思路上的启示。

现实意义。重庆是典型的山地区域，高山村数量多、分布广，精准掌握其空间分布，针对其特有的问题提出合理的规划发展模式，是可持续发展战略实施的本质要求，也是小康社会目标全面实现的关键。借助地理信息大数据开展重庆高山村空间的精准识别，有助于各类政策明确实施中的对象范围，改变单纯依靠"自下而上"上报确定实施对象导致的涵盖不全、涵盖错位等问题，提高扶贫搬迁等政策的实施精度和实施效果。系统分析高山村发展现状、发展条件与突出问题，可以为差异化的政策制定提供支撑，为高山村的生态扶贫搬迁、特色产业的规划发展的有序开展提供参考。

1.3　研究内容及范围

本文研究内容为：结合现有研究与实践的梳理，总结并提出高山村合理而明确的概念内涵，运用引入地理信息大数据与空间分析手段的识别方法开展重庆市高山村的实证研究，分析和探索高山村的分布规律、发展现状与特征，以及在不同的资源禀赋和发展条件下的差异性，进而提出符合重庆市发展实情和政策实施的高山村规划发展模式，为高山村发展模式的提出与政策优化提供参考。

本文的研究对象重庆市的高山村。在高山村的识别阶段，研究范围是重庆市全域所有行政村。识别完成后，研究范围是重庆市的所有高山村。

1.4　研究方法及框架

1.4.1　研究方法

（1）文献分析法

通过系统检索并研读国内外的相关文献、著作和实践案例，重点梳理、总结高山村相关的概念内涵、判别标准、规划建设发展经验与教训，作为研究的理论基础与基本素材。

（2）实地调研法

随机选取高山村样本，通过深入的现场踏勘、观察走访、问卷调查，借助内外业一体化采集系统，了解重庆市高山村的自然地理、社会经济、乡土文化，检验高山村识别结果的合理性，获取高山村的现状特征与存在问题，掌握村民的发展意愿，为后续的对策建议研究提供第一手资料。

（3）空间分析法

基于地理信息大数据，通过空间矢量化、多要素空间叠置、空间相关分析等综合性分析法，为高山村的精准识别、现状与发展掌握、差异化的发展条件和问题的剖析提供定量化、空间化的方法支撑。

（4）归纳总结法

对搜集的资料、调研成果、实践经验进行系统化的综合比对、分析、总结，在此基础上提出关于高山村的概念内涵、识别方法和整体的分析研究框架，探索提出基于差异化发展条件与问题的发展规划模式。

1.4.2 研究框架

本书的研究框架具体见图1-1。

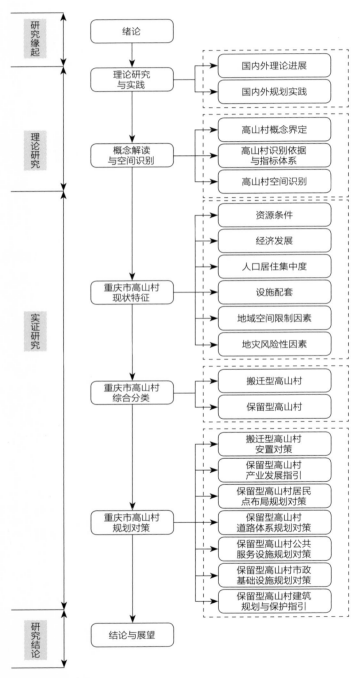

图1-1 研究框架
（资料来源：笔者自绘）

第 2 章

国内外理论研究
与实践

高山村属于村的一种类型，既遵循村发展与规划的一般规律，也具有自身特有的属性。因此，本章先从村规划的有关理论与实践谈起，力求为高山村研究和规划提供普适性的基础支撑。其次，全面梳理高山村的理论与实践，为识别高山村并提出规划对策提供借鉴与启示。最后，对本文所采用的GIS空间分析进行综述，通过理论及可资参考的有关案例，阐述该方法的先进性和可行性。

2.1 村规划的有关理论与实践综述

党的十九大提出乡村振兴战略，将乡村振兴上升为国家发展战略，不仅凸显乡村在国家现代化建设中的重要价值，也意味着乡村建设成为今后一个时期国家现代化建设的重点。为落实乡村振兴战略，制定相应的规划部署势在必行。村规划作为乡村振兴战略的应有之义，全面梳理村规划的有关理论及有益尝试，可为乡村振兴战略提供经验参考，也为高山村规划提供借鉴与启示。

2.1.1 乡村发展理论进展

第二次世界大战结束后，针对乡村建设与发展的理论进行过激烈讨论。以Lewis（1954）为代表的部分发展经济学家认为，发展中国家存在两个部门和两个区域，即生产率低下的传统农业部门和生产率高的现代工业部门，凋敝的农村和繁荣的城市，这种典型的二元经济结构在发展上要求采取工业和城市优先或者说工业主导农业、城市主导乡村的不平衡发展战略。Krugman（1991）的中心—外围理论与Lewis的观点较为接近，强调工业部门和城市处于经济区域发展的中心或者核心地带并起着主导经济发展的作用，农业部门和农村则处在经济区域的边缘，从属于中心地带的工业部门和城市的不对等的发展关系。纵观Lewis、Krugman的观点和理论，这一时期均强调城乡不平衡的发展战略，核心思想为乡村建设和发展首先要服务于城市和工业需要（杨娜，2010）。

随着乡村发展理论的不断深入，尤其在看到发展中国家工农、城乡发展差距对整体经济发展带来的负面影响，越来越多的学者呼吁政府应在缩小工业和农业两个部门、城市与乡村两个区域发展差距上发挥更大的作用，并提出工农、城乡协调发展思想。费景汉和拉尼斯（1992）提出，农业在经济发展中不止如Lewis所说的那样消极地为工业部门提供劳动力，还积极地为工业部门和城镇提供剩余农产品，为保证工业化和城镇化的顺利发展，必须重视农业发展，重视农业劳动生产率的提高，以释放更多劳动力和提供更多农产品。

Christaller（1998）强调城市与农村、工业与农业协调互促的发展关系，唯有实现城市与农村、工业与农业之间产品与服务的互相交换，才能推动全国性的市场交易顺利进行。

如同乡村发展理论的进展，我国在新中国成立之初，鉴于特殊的国情背景，采用了城乡不平衡发展战略。至20世纪80年代中期，我国的城乡深层次矛盾逐渐暴露，关于城乡协调发展的研究与实践随之展开（吴超，2005）。党的十八大以来，我国农村面貌发生巨大变化，农业发展取得历史性成就，但鸿沟明显的城乡二元结构仍是当前我国发展面临的最大结构性问题，比如城乡居民收入差距依然较大及不可小觑的城乡公共资源设施配置、养老民生保障等方面的差距（吴亚伟等，2017）。应对城乡二元结构，在全面反思城乡不平衡发展战略的基础上，结合城乡协调发展的经验，党的十九大创新性的提出乡村振兴战略。乡村振兴战略是在促进乡村发展的阶段判断基础上，结合进入全面建成小康社会决胜期和进入全面建设社会主义现代化国家新时期的背景下提出，具有重要的理论逻辑和科学内涵（廖彩荣等，2017）。

乡村振兴的理论逻辑体现在三个方面，即核心要义体现在"战略"，关键在"振兴"，靶向在"乡村"（廖彩荣等，2017）。乡村振兴战略区别于以往任何一个农业农村发展政策，体现的是一个宏观的、系统的、综合的、全局的发展方略；其目的在于实现乡村发展与兴盛，实现农业农村现代化；并将乡村作为一个有机整体，明确其是一个极其复杂的特大系统，包含生态、经济、社会等多方面极其丰富的内容（钟钰，2018）。乡村振兴战略的基本涵义是坚持优先发展农业农村，将其视为实现伟大民族复兴不可或缺的一个部分，坚持统筹和全局管理，坚持农业农村现代化优先发展，包含了总体要求、主要内容、关键举措、主要目标等一系列的理论问题（廖彩荣等，2017）。在实施路径上，乡村振兴战略坚持顶层设计，科学制定战略规划；强化制度供给，推进"五位一体"建设；坚持人民主体，为了和依靠广大农民；抓住关键要素，让核心要素充分流动；抓好工作部署，推动战略行稳致远（吴亚伟等，2017）。理论逻辑、科学内涵和实现路径构成乡村振兴战略的理论体系，是乡村发展的最新理论成果，也是当前及今后一段时间内指导乡村发展与规划等相关工作的重要理论依据。

由此可见，从城乡不平衡，到城乡协调，再到乡村振兴，乡村发展的重要性和价值逐步得到提升，这为高山村研究和规划工作创造了良好的条件。与此同时，高山村作为乡村振兴的难点和攻坚区域，当前开展高山村的研究和规划工作，既具有良好的经济社会环境，也具有较强的紧迫性和必要性。

2.1.2 村规划的国内外实践

（1）国外村规划实践

英国是村规划实行较早的国家，始于1947年。英国的村规划特别强调两个方面：一是考虑村庄是否有适合发展工业的土地和便捷的公路、充足的水源，以及居民能否得到基本的社会服务等；二是强调居民参与村规划，认为只有当地居民才知道他们的真正所需，务必将居民的愿望与规划师的思想有效结合，务必与当地居民进行充分的沟通，并将居民参与村规划发展成为村规划制定和实施的基本模式。

美国的村规划主要考虑四个原则：一是满足当地民众生活的基本需求，二是最大限度地绿化美化乡村环境，三是充分尊重和发扬当地民众的生活传统，四是恰当地突出乡村固有的鲜明特色。美国乡村的基础设施很好，其开发建设投资由地方政府和联邦政府共同负担，其村规划的实施则由开发商承担。具体来看，美国联邦政府投资建设连接乡村间的公路，地方政府筹建垃圾处理厂、污水处理厂、供水厂等，开发商负责乡镇社区内的交通、水电、通信等配套生活设施的建设。此外，美国政府也在引导乡村进行"生态村"建设，强调保持乡村土壤肥力，保持水源和空气清新，强调人与自然的和谐相处。

韩国在20世纪60年代创造了举世瞩目的"汉江奇迹"，但也造成了城乡收入差距悬殊、农民生活水平低下的不合理的城乡发展格局。到了20世纪70年代，为了促进乡村发展，韩国发起了以农村开发为核心的"新村运动"。韩国"新村运动"第一阶段，政府设计规划多种工程，用以改善农村的基础设施和农村生活环境，建设时序则由当地农民根据当地生产生活情况自己决定。韩国"新村运动"第二阶段，政府实行分类指导的方针，对乡村进行分类，并对不同类型的乡村实行不同的扶持政策。韩国"新村运动"第三阶段，则由初期的政府主导、具有"官办"性质的乡村运动发展成为完全由民众参与的民间社会活动，并开始致力于促进民主法制建设、社会道德建设、集体意识教育等方面。

日本在20世纪60年代通过国土开发计划等综合手段促进乡村振兴。1977年，日本将开发落后地区纳入第三次全国综合开发计划，并不断加大对乡村的财政投入以推动乡村产业发展。1979年，日本开始推动"一村一品"运动，要求每一个地方的乡村根据自身条件和优势，发展一种或几种有特色、在一定的销售半径内名列前茅的拳头产品。由于这些产品实行了错位竞争战略，从而大大提高了各村的竞争优势，促进了乡村的持续发展。日本"一村一品"规划引起的巨大成功，引来世界其他国家和地区的竞相效仿。

国外对村规划的认识和实践积累的经验，也为我们开展村规划工作提供了学习和借鉴（黄璜等，2017）。一是村规划需要政府支持。各级政府应积极推出支持政策措施，以促进农村基础设施及农村生产生活条件的改善。二是村规划需要农村居民的参与。村规划的对象是乡村，这与农民的切身利益直接相关。因此，村规划的制定和实施需充分考虑农民的现实需求，不仅直接体现农民意愿，还需调动农民参与规划的积极性。唯有如此，才能减少规划实施可能面临的阻力，保障村规划的顺利开展和预期的效果。三是村规划需突出环境友好和资源节约。纵览国外村规划的实践，村规划更加追求"生态文明要素"的凸显，促使乡村发展走可持续发展的道路。

（2）国内村规划实践

20世纪20年代末和20世纪30年代初，一批从欧美国家学成归国的学子，在比较中国和欧美国家的发展后认为，近现代中国发展落后和重要的原因在于乡村的落实。他们认为，由于乡村生产和生活基础设施不完备、公共服务发展远远落后于城市、乡村人口文盲率和婴幼儿病死率非常高、劳动力和人口的人力资本素质和体能素质非常低，不仅不能抓住经济社会发展的机遇，而且也缺少将这种机遇变成现实发展的能力，致使庞大的乡村人口和劳动力不能为国家工业化和现代化做出应有贡献，反而拖了经济社会发展的后腿。据此提出，要将乡村人口和劳动力的数量优势转化为国家发展的人力资本优势，必须进行一次轰轰烈烈的乡村建设运动。比如梁漱溟在山东邹平开展的乡村建设实验，开办建设学堂，试行政教合一；发展农村合作社，促兴农业、发展工业；建立乡村自卫组织，维护乡村社会安定。晏阳初在河北定县进行的乡村建设，旨在启迪心智、培育民德、改善民生。卢作孚在重庆北碚开展的乡村建设运动，开展以修建铁路、开矿山、办银行、建农场等，力促乡村与城市一样融入现代化过程。从内容来看，这一时期的乡村建设，着力点主要在推动农产品改良、提高农业生产能力，消除文盲、提高乡村人口素质、完善乡村公共服务基础设施、提高乡村公共服务能力以及改善乡村生活和生态环境等方面。

20世纪80年代初期，通过对计划经济时期乡村建设的检讨及对市场经济体制下乡村建设的重新定位，我国对乡村价值进行了再判断，并以农业和农村为试验田，开展了新的乡村建设运动。随着农村经济和体制改革的不断推进，全国上下轰轰烈烈的开展繁荣农村的景象：农村的住宅建筑在设计的前提下质量提高而且规模扩大；农村内部的基础设施和公共服务设施也有一定的改善；村民的生活质量提高而且也起到环境保护的作用，对村规划起到了推动作用。20世纪80～90年代，社会主义新农村建设的提出，更是促进村规划的发展，使我国乡村建设进入空前的好时期。党的十九大进一步提升乡村综合性价值，提出乡村振兴战略，并将乡村振兴作为解决新时代发展矛盾的主要抓手，彰显了乡村建设的重要性和紧迫性，这一方面对村规划提出更大的挑战，另一方面也为村规划提供千载难逢的好机会。

近些年，我国部分经济较发达的省、市开展了村规划的编制工作，积累了不少的宝贵经验。北京于2005年启动了村规划试点，并于2006年出台《2006~2007年北京市村庄规划编制工作方案和成果要求》（暂行）和《北京市远郊县村庄体系规划编制要求》（暂行）。在人才聚集和资金到位的保障下，北京的村庄规划针对性很强，在分析自然社会经济条件的基础上，对村庄规划的原则、内容、任务、成果标准做出了具体要求，提出对不同村庄进行因地制宜的科学规划设计。上海市提出"农民向集镇集中，农田向农场集中，工业向园区集中"的"三集中"战略，并据此推动城市规划由城镇向农村地区的延伸。江苏省则提出"适当发展县城、重点发展小城镇、缩并自然村、建设中心村"的原则，强调市县域城镇体系规划对编制村镇规划的指导作用以避免"就镇论镇、就村论村"的缺陷，确定村镇发展的合理布局，明确中心镇、一般镇、中心村和基层村四个等级居民点体系的空间布局。通过村规划的编制，江苏省将自然村从28.9万个缩并为2.03个中心村和3.11万个基层村，人均居住用地从172m²下降到98.3m²。浙江省根据村庄布局小而散的情况，有的地方每个农村居民点不足10户，既影响了土地集约利用，又不利于农村发展的现状，为引导农民向城镇和中心村迁移，做出加快村庄撤并、推进城乡一体化发展的战略部署，实施"千村示范万村整治"工程和"示范村、整治村建设规划""村庄布局规划"，作为村规划的新探索。从协调农村居民点着手，通过全面的乡村住区规划，对区域内各乡镇、村庄进行系统和综合的布局和规划协调，统筹安排各类基础设施与社会服务设施的建设。

我国村规划的道路较为曲折，包括成功的经验和失败的教训，对开展村规划工作具有重要的借鉴意义（安国辉等，2009）。一是村规划需要良好的经济社会环境作为支持。再好的愿景和措施，没有足够的社会经济环境作为支撑，也难以达到预期的目标。二是村规划是一项长期的任务。村规划要结合不同地区的实际情况，因地制宜地进行，实行分类指导、先行试点、再推广地分步建设，务必坚持循序渐进的道路。三是村规划应置于区域总体规划之中。村规划不能脱离所在的区域，应将村规划置于整个城乡网络体系中，避免"就城论城，就村论村"。四是村规划应走集约发展、集中布局的道路。村规划的重点是要完善基础设施、公共建筑、要整合土地资源，包括将分散的居民点、乡镇企业适当集中，把基础设施和公共建筑的建设布局集中，把农业产业化生产和生态建设集中布局。在加强各业集中发展的同时，也要注意保护好乡村的田园特色。

2.1.3　对高山村规划的启示

梳理村规划的有关理论，在当前的经济社会环境下，开展高山村研究与规划正当其时。纵览国内外村规划的实践，有大量可资参考的案例，其中对高山村规划的启示主要有四点：一是要遵循乡村发展的内在规律，避免脱离现实条件而盲动。在高山村规划中要注意根据基础情况实事求是的推进，条件好的地区，步伐和力度可以走得快一点；条件较差的地区应根据当地实际，稳步推进。二是要充分体现不同地方的乡土风格特色，不能千篇一律地通用套用。高山村的经济社会差异较大，遇到的制约瓶颈也不同，必须具体分析和具体对待，离开高山村固有结构体系创造一个新的体系不太现实，应寻找特色、开发特色并将其转化为产业价值。三是培育壮大乡村经济活力，主要是那些具有内生发展要素条件支撑的村。有些村拥有红色资源，可以保护和弘扬红色文化资源；有些村处于高寒冷凉、无污染的气候环境地带，是培育有机农业的天然母体；有些村具备生产优质农产品条件，可以把有机农产品与民族传统文化交辉相映，展示人与自然相融共处的和谐之美；有些村毗邻城乡接合部，可以借助城市辐射做劳务输出、服务经营。这些具有一定的发展要素资源的村，搞活经济活力是必要的，也是可行的。四是要正视部分村消失的不可避免性，不要人为强行干预式的乡村发展。一些高山村被整合，是符合乡村自身发展规律的，国内外的有关实践也表明了这一过程，但必须是在尊重农民意愿的前提下。高山村研究和规划工作，务必要认识到部分高山村撤并消失的趋势性和不可避免性。

2.2　高山村的有关理论与实践综述

2.2.1　高山村相关理论研究进展

高山村作为乡村研究的一个新视点，目前国内外研究较少。现有研究多着眼于一般乡村的形态结构、农村地区产业发展利弊等方面，直接针对高山村的研究不多。梳理现有的文献资料，针对高山村的研究多集中于高山村的认定标准、高山村的特征、高山村的人居适宜性三个方面：

（1）关于高山村的认定标准

对高山村的认定标准，国内外目前并没有形成统一的意见。即便是高山的定义，国内外也没有达成一致。对应于高山的多样化定义，高海拔地区的定义国内外也有所不同。国外学者认为2500～3500m是高海拔地带，3500～5500m是较高地带，5500m以上则是极高地带，8100m以上是死亡地带（约翰·怀斯曼，2014）。国际地理学会地貌调查与制图委员会结合欧洲1：250万地貌分类的需要，认为海拔高度大于2000m且起伏度大于600m属高山（Demek J et al.，1989）；苏联З.А.斯瓦里采夫什卡娅提出，海拔高度3000～5000m且起伏度大于200m属于高山，海拔高度大于5000m且起伏度大于200m属于极高山（З.А.Сварицевская，1975）。作为一个多山国家，我国学者结合我国山峰的地势，也提出了诸多的不同看法。参考国外的海拔划分标准，结合我国的山峰走势，蒋冰璇将海拔高度1500m以上的地区定义为高海拔地区，海拔超过3500m的地区定义为超高海拔地区，海拔在5500m以上的地区定义为极高海拔地区（蒋冰璇，2015）。缪寅佳则进一步指出，所谓高海拔地区，在地理学意义上是指相对高度在1000m左右，海拔3000m以上，具有显著的垂直分带性等特征的大山（缪寅佳，2012）。中科院成都地理所柴宗新提出只考虑相对高度而不考虑绝对高度，将相对高度超过1500m定义为高山（柴宗新，1983）；中国科学院自然区划委员会结合中国地貌区划工作，将海拔高度3500～5000m且相对高度大于100m定义为高山，而将海拔高度超过5000m且相对高度超过1000m定义为极高山（中国科学院自然区划委员会，1959）。我国疆域辽阔，地形地貌较为复杂，海拔高度在全国各地存在巨大差异（李炳元等，2008），对高山的定义也存在较大的不同。例如四川省，则将海拔高度4000～5200m且相对高度大于500m认定为高山，海拔高度超过5200m且相对高度超过500m认定为极高山（中国科学院成都地理所，1982）。

尽管高山和高海拔地区的认定标准未能统一，但基本达成一致的是：鉴于海拔高度随地理位置的不同而不同，高山和高海拔地区的认定标准应结合各国与各地区的具体情况来综合确定（克里斯蒂安·柯勒，2009）。

（2）关于高山村的判定依据

类似于高山村的认定标准，高山村的判定依据也具有多样性。从高山的起源来看，高山源于拉丁语，其意为"白色"或"白色覆盖"，本意指树线及其以下分布的用于夏季放牧的人工草场（克里斯蒂安·柯勒，2009）。树线是植物地理学的专业术语，指的是天然森林垂直分布的上限，其海拔高度随地理位置的不同而不同。正因为如此，国内外和不同地区对高山的定义有所不同。就目前的研究而言，对高山村的判定依据多集中在自然属性，主要包括海拔高度、坡度、地形起伏度等方面。

海拔高度上，国外有学者认为2500～3500m是高海拔地带，3500～5500m

是较高地带，5500m以上则是极高地带，8100m是死亡地带（约翰·怀斯曼，2014）。考虑到我国多山的基本地理国情，不同学者从不同的视角出发，对高山进行了不同的定义。从旅游的角度，有学者将3000～6500m称为高海拔地带，6500～8100m称为极高地带，进入8100m便是死亡地带（吴殿廷，2006）；从建设的角度，有学者认为1500～3500m为高海拔，3500～5500m为超高海拔，5500m以上为极高海拔（瞿梨利，2015）。从旅游的视角，结合四川省阿坝州林坡村的地理环境，蒋冰璇认为高山地区是指海拔1500m以上的地区，主要包括山地和高原，具有地形地貌复杂、气候多变、植物种类丰富、环境复杂、生态条件差异性悬殊等特征（蒋冰璇，2015）。

在起伏度上，《中国地理丛书》编辑委员会从地貌学的角度，认为绝对高度3500～5000m且相对高度大于100m的为高山，绝对高度大于5000m且相对高度大于1000m的为极高山，将高山的定义进行了扩展（《中国地理丛书》编辑委员会，1990）。王子鱼从人类生存的角度，认为高山是指山岳主峰的相对高度超过1000m，而高山地区指的就是海拔1000m以上的地区（王子鱼，2012）。

在坡度上，中科院地理所从地貌制图的角度，进一步增加了坡度的限制因素，认为海拔高度3500～5000m、起伏度200m以上且有一定坡度（最高点不在边缘的坡度大于7°，最高点在边缘的坡度大于10°）的即为高山（中科院地理所，1987），是目前对高山最为完善的定义。

许多学者基于自然属性的认识，将高山村的判定依据进一步向人文属性进行延伸（沈茂英，2006；杨海艳，2013）。通过人口数据与海拔高程的拟合分析，建立人口分布与海拔高程的模型关系，发现随着海拔高程的不断上升，人口分布密度愈稀疏，进而将人口密度纳入高山村的判定依据。从自然属性延伸至人文属性，一方面丰富了高山村的判定依据，但也应当看到，人文属性是自然属性的具体表现，自然属性仍是基本属性。

（3）关于高山村的识别方法

长时间以来，受技术手段的制约，高山村的识别通常是依靠实地踏勘和平面地形图数据进行分析。实地踏勘是通过身临其境的进行实地调查，利用人的感觉器官将外界事物的信息传递到人的大脑的过程。平面地形图的操作主要是利用已经绘制好的平面地形图，通过地形图的判读和计算，识别出高山村。

近些年来，随着地理信息技术，尤其是GIS技术的发展，高山村的识别变得更为方便、快捷、直观、精准。基于GIS的高山村识别的基础是要通过地形图，或者遥感影像等提取高程数据来建立数字高程模型（DEM）。DEM主要用于描述地面起伏状况，可以用来提取各种地形地貌参数，并进行通视分析等应用分析。高山村识别实质上就是对DEM进行数据计算和分析。首先，在DEM和GIS支持下，直接提取高程、坡度、起伏度等基础地形地貌因子。其次，在GIS支持下，制作出不同的专题图，作为高山村识别和分析的各项背景分析和决策的参考依据。同时，基于GIS的高山村识别和分析还是能够全面反映高山村分布的空间结构，对提高高山村识别和分析的效率质量和表达具有重要作用。

当前，GIS技术在高山村识别和分析上更具有优势，其应用将会更加深入和更为广泛。

（4）关于高山村的特征

虽然对高山和高海拔地区的认定标准存在争议，但对高山或高海拔地区的特征却存在相同的看法。

1）影响人体生理机能。海拔高度对人体的生理机能有重要影响，在西方十八世纪三十和四十年代的医学界，海拔高度被认为是影响人类健康的一个重要因素（Riley J C，1987；Dobson M J，1997），过高的海拔会导致人体循环和新陈代谢功能失衡，对人体造成不同程度的伤害（刘清春等，2007）。但也有研究表明，高海拔的低氧环境，有利于心血管、肺的发育，使得心、肺功能得到极好的锻炼，对人体健康有促进的一面。其中，在海拔2400m短期居住有利于改善人体糖耐量；在海拔2100m间断性居住有利于改善氧自由基代谢，增高血液和组织内过氧化物歧化酶的活性，并具有减肥效应（吴天一等，2008）。

2）影响人类生产方式。在高海拔地区，随着海拔高度的升高，农作物生长所需的积温不断减少，农作物生长期越来越短，农业发展所必需的自然条件受到限制，规模化生产难以形成。与此同时，由于高海拔地区复杂的地形地貌，也不利于交通运输业等二三产业的发展，从而限制了经济的发展（王春菊等，2005）。但是，独有的水热条件，高海拔地区也蕴藏了丰富的动植物资源、矿产资源、水力资源，具备发展多种经营的优越条件，为发展无烟工业、中医药和绿色食品、高山特色产业提供了有利场所（黄光宇，2006）。

3）影响人类生活方式。随着海拔高度的升高，各种自然和人文条件逐渐变得不适合人类进行各种经济活动，难以支撑大规模的人口生存。因此，高山或高海拔地区的人口分布较为稀疏（张善余，1999），聚落空间形态多表现为"大分散、小集中"（许娟，2011）。受地形地貌限制，高山或高海拔地区建设难度大，基建投资费用高，基础设施配置困难，对内对外联系不便，社会经济文化发展相对滞后（赵彬，2015）。与此同时，由于较少受到城镇化和现代化的冲击，高山或高海拔地区保持着较为传统的生产生活方式，特别是高山或高海拔地区多为少数民族居住区，包括生活习惯、生产方式、宗教场所、建筑单体等都具有特有的文化信仰和传统习俗，有效契合现代游客求新、求异、求知、求乐的需求，对游客产生了巨大的吸引力（张亮，2012）。

4）影响生态环境安全。受垂直地带性的影响，高山或高海拔地区形成了复杂多样的自然生态环境，加上外部干扰相对较小，也保持了较好的自然生态景观格局，是开展自然生态旅游的好去处（蒋翌帆，2009）。与此同时，高山或高海拔地区生态环境具有天然的脆弱性和敏感性，山洪、泥石流等多种隐患较多，易发生环境灾害问题且不易恢复，危及城市和区域安全（李立敏，2011）。因此，高山或高海拔地区的规划建设，必须坚持生态优先的立场，并通过生态化的手段引导人口和经济社会活动向适合的生态环境承载力区域分布（孟利伟，2014）。

（5）关于高山村的人居适宜性

正如本文开篇所界定的，高山村特指高海拔地区的行政村。高海拔是高山村区别于一般村最基本的特征。这种基本特征，决定了高山村的人居适宜性。

刘燕华等分析了我国人口分布和海拔高度等自然因素和人文因素的关系，建立了人口适宜分布的模型（刘燕华等，2001）；封志明等构建了我国人类生活环境在自然适宜性方面的评价模型，划分为高度适宜、比较适宜、一般适宜、临界适宜、不适宜5类，定量化分析评价了不同地区人类生活环境的自然适宜性（封志明等，2008）；杨海艳分析了人类对海拔高度的敏感性，对我国人居适宜性进行了海拔高度分级研究，结合四川省的实践验证，将人居适宜性海拔高度分为很适宜（海拔0～800m）、适宜（海拔800～1800m）、有所不适（海拔1800～2800m）、对于一般人不适宜（海拔2800～3600m）、对于大多数人不适宜（海拔3600m以上）5个等级（杨海艳，2013）。廖顺宝等以青藏高原为研究区，分析了人口分布与海拔高度、主要道路网、居民点分布、土地利用等的相互关系，结果表明人口分布明显受到土地利用、海拔高度等因素的影响（廖顺宝等，2003）；王春菊等分析了福建省居民点分布与海拔高度、距主要道路距离、距河流距离、距海岸线距离和土地利用等的关系，结论表明居民点分布明显受到这些因素的影响（王春菊等，2005）；岳健等以新疆为研究区，建立了包括地形、气候、水文等因素组成的人类生活环境的指数模型，分析了人类生活环境的自然适宜程度，划分为不适宜、临界适宜、一般适宜、比较适宜、高度适宜5个等级（岳健等，2009）。

上述研究表明，高海拔地区人居适宜性相对较差。这也就决定了相对于一般村，高山村的人居适宜性相对较差，不仅表现在自然适宜性上，还表现在生产的经济性和生活的方便性等方面。但相对于一般村，绝佳的生态环境和绝妙的自然风景是高山村的发展潜力之所在。

2.2.2 高山村的相关规划实践

目前，国内外对高山村的规划实践较少，中国因山地面积分布甚广，高山村相对较多，较之于国外，规划实践相对较多。梳理现有文献，针对高山村的规划实践，多集中在生活条件十分恶劣、生态环境十分敏感、生产条件十分不便的高山村，规划实践则集中在生态扶贫搬迁领域。

（1）关于高山村的分类

"最壮美的自然风景，常常伴随着最深重的贫穷。"这是高山村最深刻的真实写照。围绕脆弱的生态环境和渴望脱贫的原住民之间的矛盾，高山村往往被划分为保留型、迁建型两种发展类型进行具体实践。

1）保留型村实践案例与总结

浙江省临安市银坑村海拔高度在520m以上，距临安市市区120km，交通较为不便。作为浙江省典型的高山村，银坑村是临安市有名的贫困村，村民每年都要靠国家返销粮或外出打工才能勉强维持生计。与此同时，集体山林闲置，大量的野生山核桃无人利用。经重新规划后，利用山核桃作为村内经济增收切入点，经政府有序指引、村委会的大力支持，将村内统管山交给农户开发，盘活了闲置的集体资产，解决了"集体有山无力开发，群众有力无山开发开发"的矛盾。目前，银坑村的山核桃林面积扩大到9260亩，村特色产业的飞速发展，鼓足了农民钱袋、壮大了村级经济，村内新修村委会、村道、村级公共厕所和集中居民点等，吸引了村内外出务工人口回流并吸引周边村民流入。

四川省资中县李井镇碾盘山村海拔高度在600m以上，有种植柑橘的传统。作为四川省典型的高山村，碾盘山村常年缺水，村民靠天吃饭不富裕，柑橘品种单一，仅有小部分村民种植且被市场淘汰，价格低、不好买。经重新规划后，转种售价高、品种新、口感好且抗旱的塔罗科血橙，通过举办技术讲座，推行科学种植。目前，碾盘山村种植面积1137亩，年产量77万余斤，人均增收2500元，并引进不知火、香梨等果树品种，已发展成为采摘一体的旅游经济。

福建省龙岩市新罗区玉宝村位于当地著名的红尖山上，平均海拔930m，拥有2.19万亩森林。作为福建省典型的高山村，玉宝村环境差、村民收入低、基础设施陈旧，但生态本底条件好，有山有水。重新规划后，通过整治原有山水，形成千亩桃林、原生态阔叶树环绕的"小九寨"山溪、古树、瀑布等景观；通过采取"公司+农户"的发展模式，兴建鹅、竹鼠等养殖场，开办红豆杉树苗、樱桃种植合作社；在发展生态农业的同时，发展乡村旅游业，开展春季赏花、夏季摘果、"赏十万红枫"、"做个放羊人"等活动，吸引外来游客。

　　分析三个实践案例，银坑村是充分挖掘当地特色资源，找准经济增收的切入点，其中政府制定规划对村产业发展影响重大；碾盘山村则是寻找市场需求，通过科技致富，建立农业产业与服务业产业互动发展；玉宝村是充分利用现有生态环境资源，通过景观打造，促进生态农业与乡村旅游业并行发展。借鉴三个实践案例，结合重庆市的实际情况，可提供两点启发：一是高山村的发展应当注重挖掘自身拥有的特色资源，并通过政治和规划使特色资源发挥最大的经济价值；二是政府部门应制订规划，引导高山村特色发展。

　　2）迁建型村实践案例与总结

　　重庆市秀山县梅江镇晏龙村属于高山生态扶贫搬迁村，距梅江镇6km，距秀山县城28km。该村依山傍水，风景秀丽，但是道路崎岖，交通不便，出门走路难，用水用电难，儿童上学难，看病就医难，构成了生存之困。按照国家及重庆市关于扶贫的有关要求，经综合考量决定实施高山生态扶贫搬迁。经政府、村民的多方博弈，实施就地安置和分批有序的安置政策，安置在晏龙村中心位置的龙凤组并分多批次进行安置，紧邻省道304线。经过高山生态扶贫搬迁后，晏龙村生产、生活条件极大改善。

　　浙江省庆元县深鸟村地处深山区，海拔800多米。该村群山环绕，常有短尾猴出没觅食。为保护短尾猴及优越的生态环境，经科学考察评估，决定实施生态移民，将深鸟村整村搬迁到县城。深鸟村的整村搬迁，是在政府主导下有序实施的，并由政府组织开展职业技能、创业等多方面的培训，提高村民的生产技能，增强村民创业的信心，使其尽快融入县城，尽快实现自我发展。整村搬迁之后，使自然生态得到了有效修复和保护，保证了国家二级保护动物–短尾猴的栖息地。与此同时，深鸟村的村民正在县城幸福地生活着。

　　福建省闽侯县大湖乡东姚村位于偏远偏僻的高山地区，同时还是地质灾害高易发区。为保证村民的安全并提高生产、生活条件，经政府部门和村民的多次沟通，最终确定实施生态移民搬迁。东姚村的生态移民搬迁实施的是就近搬迁，安置点位于东窑村周边。搬迁之后，一是通过对东姚村的土地进行整理，并利用原有丰富的农业资源和新品种的引进，开展规模农业生产；二是将东姚村的劳动力转移到企业；三是通过各种技术培训、资金支持、开设合作组织等方式，帮助村民创业，千方百计提高村民收入。

　　分析三个实践案例，迁建型村在确定迁建时都比较谨慎，确系生产生活条件恶劣、生态环境特别重要的高山村才实施搬迁。与此同时，搬迁需以政府为主导，在农民自愿的基础上进行。安置方式则无固定模式，可选择就地安置、就近安置或异地安置，可视具体情况确定。搬迁之后，必须通过多种方式提高村民的生产生活水平，尤其是收入水平，尽快实现自我发展。唯有如此，才能使迁建工程实现"安得下、稳得住、能致富、更和谐"。

（2）关于高山村的生态扶贫搬迁政策

早在1983年，国务院就对生存条件恶劣、自然资源匮乏、群众生活困难的地区实施扶贫规划，开展劳动力转移或移民搬迁（李含琳，2013）。2001年，原国家计委发布《关于易地扶贫搬迁试点工程的实施意见》，指出"目前尚未解决温饱问题的贫困人口相当一部分生活在自然条件极为恶劣、人类难以生存的地方，需要通过异地搬迁的办法从根本上解决这部分群众的脱贫和发展问题。"同年，国务院颁布实施《中国农村扶贫开发纲要（2001~2010）》，规定"对目前极少数居住在生存条件恶劣、自然资源贫乏地区的特困人口，要结合退耕还林还草实施搬迁扶贫。"2002年，国务院印发《关于进一步完善退耕还林政策措施的若干意见》，指出"对居住在生态地位重要、生态环境脆弱、已丧失基本生存条件地区的人口实施生态移民。"2016年，国家发改委印发《全国"十三五"易地扶贫搬迁规划》，将搬迁对象进一步明确为"生存环境恶劣，不具备基本生产和发展条件的深山区、石山区、荒漠区、地方病多发区。"

重庆市作为典型的山地区域，农村贫困人口集中分布在自然环境恶劣、地理条件复杂、耕地和水源等资源矛盾突出的高寒边远山区、深山峡谷与石漠化地区。鉴于高山生态扶贫搬迁的重要意义，2001年重庆市将巫山、城口列为高山生态扶贫搬迁试点地区，探索高山生态扶贫搬迁的运作机制。为巩固高山生态扶贫搬迁的运作机制，2007年重庆市人民政府办公厅印发《关于加快实施生态和扶贫移民工作的意见》。在取得阶段性成果的基础上，重庆市人民政府于2013年印发《关于加快推进高山生态扶贫搬迁工作的意见》，将搬迁对象明确为"居住在深山峡谷、高寒边远地区，生产生活极为不便、生存环境十分恶劣的；居住地属重要生态修复保护区，根据规划必须搬迁的；居住地的水、电、路、通信等基础条件难以完善，建设投资大且效益不好的。"

（3）关于迁建型高山村

对于迁建型高山村，目前的研究多集中于如何确定那些高山村需要迁建、安置方式如何、安置之后如何发展三个方面。

1）迁建型高山村的对象。目前比较认同的是少数生产生活条件极为恶劣，而改善所付出代价过大；或者生态环境特别重要且事关生态安全的高山村，应进行搬迁。比如偏远偏僻的贫困高山地区、涉及地灾安全隐患的高山村、涉及生态保护区的高山村等，应纳入迁建对象。针对村庄情况相对复杂且个体差异较大的现实状况（于彤舟等，2006），《北京市村庄体系规划（2006~2020）》将全市行政村划分为城镇化整理、迁建、保留发展三种类型，其中，迁建型村庄为生存条件十分恶劣和与全市生态限建要素有矛盾需要有序搬迁的村庄（北京市规划委员会等，2007）。从空间分布上来看，这些迁建型村庄绝大部分位于北京山区，尤以高海拔地区的深山区分布最为密集（陈甲全，2009），属于典型的高山村。

2）搬迁安置方式。迁建型高山村以移民搬迁为首要问题。当前的研究主要集中在三个方面：一是根据生态环境条件和现状发展条件，将迁建型村落分为近期迁建、逐步迁建、引导迁建三种类型；二是根据限制建设因素（如四山管控、森林公园等）对村落的影响，将迁建型村落划分为整村迁建、局部迁建两种类型；三是根据民意调查，将迁建型村落划分为异地迁建、本地迁建两种类型。根据限建要素对村庄限制程度的不同，《北京市村庄体系规划（2006～2020）》进一步将迁建型村庄分为近期迁建、逐步迁建、引导迁建三种类型，其中，近期迁建型包括位于危害严重的泥石流沟谷、滑坡危险区、塌陷危险区地裂缝外侧500m以内范围、现状及规划高压走廊防护区内、大型广播电视发射设施保护区、地下水源核心区内的村庄，逐步迁建型包括位于超标洪水分洪口门、地表水源一级保护区、自然保护区核心区、风景名胜区特级保护区、规划钉桩绿地、地质遗迹一级保护区、污水处理场、垃圾填埋场、垃圾焚烧场、堆肥场、粪便处理场防护区内的村庄，引导迁建型包括紧邻城镇规划建设区周边的村庄和村庄建设用地规模特别小的行政村。

3）迁建后续发展。迁建后的生产发展问题，目前一致的看法是政府必须有所作为，应依靠优势和因地制宜，发展特色优质产业。一般的高山村，可发展适合山区种植的耐旱的经济作物，突出特色，并争取向集约化、规模化的方向发展，打开致富路。政府还可以吸引多方社会主体共同参与，引导农畜产品加工企业带动农户生产，推动农业产业化经营。同时发展一批农畜产品加工、特色手工业、特色旅游等产业，解决就业问题和提高村民收入。此外，政府还应提供就业培训、资金支持等方式，提高村民的生产技能，促进村民就业或自主创业，尽快实现迁建后的自我发展。

（4）关于保留型高山村

对于保留发展的高山村，国内外的相关规划实践主要集中在产业选择、空间布局、设施供给、环境景观、政府管理等5个方面。

1）产业选择。依托高山地区对人体健康的影响，苏联和现今独联体曾在天山、高加索的依斯齐苏、酥夏（海拔1600～2200m，治疗高血压和冠心病）、天山的阿拉套（海拔3200m，治疗再生障碍性贫血）、依斯赛克（海拔2500m，治疗支气管哮喘）建立了高寒疗养院（吴天一等，2008）。国内四川省康定木雅贡嘎地区依托高海拔的优势，开发了山地旅游产品（李晓琴等，2011）。湖北省长阳县利用自然资源和劳动力资源的优势，发展高山蔬菜产业（李国政，2010）。浙江省临安市银坑村和四川省资中县盘山村则利用传统林果业发达的优势，积极发展高山特色林果业，带动全村经济发展。

2）空间布局。基本达成一致的看法是，高山地区的农村不宜进行大规模的开发建设，"适度集中"或"大分散、小集中"是建议采用的布局模式。除生态环境承载力的考虑之外，高山地区农村还应结合劳作半径和环境景观要求集中或分散布置果林、菜地、养殖场等生产空间，按照村民生活流线、生产流线、交往流线的特征组织生活空间，依据生产空间、生活空间与环境相缝合的要求来配置生态空间（赵彬，2015）。

3）设施供给。高山地区无法采用传统的基础设施供给方式，应因地制宜的采用针对性手段来合理引导基础设施的配置。比如采用"引泉、集雨、打井、建池"的方法来分散解决高山地区农村居民用水问题（赵彬，2015）；区别于传统的简单均衡布点，以服务全覆盖为目标，区域化配置基础设施（北京市规划委员会等，2007）。

4）环境景观。顺地形之势，承地貌之脉，合理布局建筑组群，营造布局灵活、收放有度的聚落空间，塑造"因势布局、屋林掩映"的景观风貌，突出人与自然和谐共生的空间形态（赵彬，2015；黄光宇，2006）。福建省龙岩市玉宝村整治和规划了原有山水，形成千亩桃林、原生态阔叶树环绕的"小九寨"，山溪、古树、瀑布等景观吸引了大量的游客。

5）政府管理。受限于整体的素质水平，高山地区农村的发展在遵循自愿原则的前提下，应强化政府引导的作用。浙江省临安市银坑村在政府组织下，编制了产业发展规划，并将统管山交给农户开发，盘活了闲置的集体资产。四川省资中县碾盘山村由政府出资引进新品种，并组织开展技术讲座和推广科学种植，最终实现了高山村的致富梦。福建省龙岩市玉宝村由政府牵头引进龙头企业，并采用"公司+农户"的发展模式，推进与市场的有效衔接。

2.3　GIS空间分析的有关理论与实践综述

2.3.1　GIS空间分析的理论进展

GIS空间分析目前并没有形成统一的定论，针对各自的领域有不同的定义。Haining以地理目标空间布局为分析对象，从传统的地理统计与数据分析的角度，将GIS空间分析定义为基于地理对象的空间布局的地理数据分析技术（haining，1994）。李德仁等以地理目标的空间关系为分析对象，从侧重于图形与属性信息的交互查询以获取派生知识或新知识的角度，将GIS空间分析定义为从GIS目标之间的空间关系中获取派生的信息和新的知识（李德仁等，1993）。郭仁忠以地理目标的位置和形态特征为分析对象，从侧重于空间信息的提取和空间信息传输的角度，将GIS空间分析定义为基于地理对象的位置和形态特征的空间数据分析技术，其目的在于提取和传输空间信息（郭仁忠，2001）。尽管基于不同的学科领域和不同的侧重点，GIS空间分析的定义有所不同，但也具有某些共同的特征：即GIS空间分析是以GIS为技术手段，综合处理地理空间有关的信息，具有解决复杂问题的强大信息处理能力（陈江平等，2003）。

　　如同GIS空间分析的定义，GIS空间分析的方法体系也呈现多样化的认识。Unwin认为GIS空间分析主要是对点、线、面的参数描述和图形表示（Unwin，1981），Ripley则认为GIS空间分析主要是对地理对象的空间分布的研究与描述（Ripley，1981）。Goodchild第一次对GIS空间分析的框架作了较系统的研究，他将GIS空间分析分为两大类：一是提取显式存储空间信息，二是提取隐式存储空间信息（毋河海，1997）。黄杏元等把GIS空间分析功能分为数字地形模型分析、空间特征的几何分析和多变量统计分析等，并把各种应用模型归为建筑在GIS空间分析之上的独立部分（黄杏元等，1989）。陈述彭等认为GIS空间分析功能可用于分析和解释地理特征间的相关关系及空间模式（陈述彭等，2000）。综合当前的多种表述，GIS空间分析至少包括6个方面的内容：一是空间数据获取和预处理，二是属性数据空间化和空间尺度转换，三是空间信息探索分析，四是地统计，五是格数据分析，六是复杂信息反演和预报模块（王劲锋，2005）。与此同时，GIS空间分析可通过图进行分析，也可通过数据进行分析，还可通过事件机理进行分析，其主要目的是建立研究对象的数学模型、因子识别和调控以获得所需的高附加值信息或知识（杨志恒，2012）。

2.3.2　GIS空间分析的应用实践

　　由于GIS空间分析对实践具有重要的指导作用，美国UCGIS在1998年就把GIS空间分析列为当前GIS界十大重点问题和21世纪GIS的19个研究方向之一。事实上，GIS空间分析的应用是建立在各种专业应用领域的具体对象与过程进行大量研究的基础上所采用的空间分析方法和操作步骤，可有效解决同类问题或为解决相似问题提供参考与借鉴。按照不同的应用目的，GIS空间分析一般可分为识别、仿真预报和运筹三种。在应用需求的不断推动下，GIS空间分析的综合能力不断增强，目前已广泛应用到各个领域（赖格英，2003）。

在城乡规划领域，因GIS空间分析的应用，从根本上改变了城乡规划空间研究的认识方法和操作手段，使城乡规划由主观经验决策模式向科学、理性决策的方向发展，GIS空间分析已逐渐成为城乡规划必不可少的工具之一（耿宜顺，2000）。韩勇等基于GIS空间分析，实现了城市地下管线的可视化和动态化管理（韩勇等，2004）。柯新利基于GIS空间分析开展城市扩展模拟，预测城市扩展的未来趋势（柯新利，2005）。事实上，纵观GIS空间分析在城乡规划中的应用，GIS空间分析几乎应用到城乡规划的每一个环节，有效提高城乡规划的准确性，并为城乡规划从业者带来极大的方便，不但提高城乡规划的效率，也为城乡规划提供科学的决策依据。

在村规划和研究中，GIS空间分析可提供直观和理性的工具，实现对数据的存储管理与分析功能，实时对村规划方案和研究结论的监督与反馈。因对村规划和研究具有重要的决策支撑作用，GIS空间分析在村规划和研究中具有较强的应用广泛性。石诗源等借助GIS空间分析对宜兴市8个村的农村居民点景观格局特征进行了研究，提出地形地貌等自然因素是农村居民点景观格局形成和发展的基础，政策措施等社会经济因素是农村居民点景观格局发生改变的主要驱动力（石诗源等，2010）。李云强等运用GIS空间分析对胶东山区栖霞市农村居民点的空间均匀性进行了研究，表明农村居民点在地形梯度上具有特定的分布特征（李云强等，2011）。曹萍则借助GIS空间分析对湖南省益阳市安化县柘溪镇农村居民点分布特征进行了量化分析，揭示了地形地貌是柘溪镇农村居民点分布的宏观背景，并通过GIS空间分析对柘溪镇农村居民点用地扩展进行了模拟，为柘溪镇农村居民点布局规划提供了量化因素（曹萍，2013）。

GIS空间分析及众多的实践应用表明，GIS空间分析不但可为包括村规划和研究在内的各领域提供所需的基础数据，还可通过强大的空间分析功能为各领域提供可量化、精准化、可视化的判断依据，极大提高了结论和方案的科学性与合理性，并具备较强的应用推广性，可作为本研究的技术手段。

2.4　本章小结

高山村作为乡村研究的一个新视点，目前国内外研究和实践较少。通过对相关理论的梳理，尽管有很多争议，但高山村的判定标准应结合具体情况综合确定已基本达成共识。由于同时兼有有利条件和不利因素，在不同的组合特征和特定的经济技术条件下，不同的高山村具有不同的人居适宜性。对于生态条件十分恶劣、生态环境十分敏感、生产条件十分不便的高山村，国家政策和地方实践的普遍做法是实施搬迁。对于保留发展的高山村，国内外当前的研究与实践多集中在产业选择、空间布局、设施供给、环境景观、政府管理等方面，并对重庆市高山村的规划建设具有重要的启发与借鉴：一是应充分挖掘当地的特色资源，走特色产业发展之路；二是应谨慎大规模开发建设，采用"适度集中"或"大分散、小集中"的空间布局模式；三是应不同于传统的设施配给模式，走就地解决或区域化配置的道路；四是应注重生产空间、生活空间、生态空间的有效融合，营造人与自然和谐共生的空间形态；五是应在村民自愿的前提下，强化政府组织与引导。GIS空间分析以强大的空间分析能力见长，因可提供可量化、精准化、可视化的决策依据，已广泛应用在各个领域，并已形成较为成熟的方法，为高山村的空间识别和高山村的空间分析提供了天然的技术手段。

第 3 章

高山村概念界定
与空间识别

3.1　高山村概念界定

3.1.1　高山村概念界定

高山村指分布在高山地区的行政村，具备两个特征关键词，即高山地区、行政村。首先是位于高山地区，这是高山村区别于一般村的基本特质，并形成具备高山村特有特征的关键因素。其次是行政村，这是从实施主体引申出来的概念，高山村扶贫搬迁或者是规划建设，均需要一个实施主体，唯有行政村的村级管理机构才能更好地承担这个职责。

3.1.2　高山村概念解读

自然地理方面，高山村是具有一定海拔高度、坡度和地形起伏度的地貌类型。受高海拔高度的影响，高山村多为山地高寒气候，变化差异大，太阳辐射强烈，日照长，温差大，冬寒夏凉，东长夏短，雨雪霜冻天气多。受坡度的影响，高山村的重力侵蚀相对较大，极易发生滑坡、崩塌、泥石流等工程地质灾害，影响土地利用的方式与强度。受地形起伏度的影响，高山村多表现为大分散、小集中或适度集中的空间布局形态，影响高山村的发展布局和建设成本。

生态服务（含文化功能）方面，高山村是生态保护和生态涵养的关键区域。受垂直地带性的影响，高山村多蕴藏有丰富多样的动植物景观，形成了壮丽的自然风光。由于人类干扰较少，高山村的生态环境较为优越。但是，高山村生态环境具有脆弱性和敏感性的特质，易破坏不易恢复。与此同时，高山村多保存了较为原始的自然人文旅游资源，多具有特有的乡土文化与果林文化。

社会经济方面，高山村是人类活动较为稀疏的地方。高山村的区位条件一般较差，交通出行相对不便，缺乏周边城镇的带动。与此同时，高山村的人口规模较小，且以分散居多，集聚较少。产业特征上仍以传统农业为主，发展水平相对较低。区别于一般村，高山村的人口密度较小。

政府管理方面，高山村是一个独立的行政单元。首先，高山村是一个村级基层组织及其管辖的区域，村级基层组织作为实施主体，负责管辖区域的领导和管理工作。其次，高山村对应高山生态扶贫搬迁有关政策，是落实有关政策的空间载体。与一般村类似，高山村具有明确的行政边界。

3.2　高山村识别依据与指标体系

3.2.1　高山村判定依据

根据高山村判定依据的文献综述，结合高山村的概念界定，高山村应是海拔高度、坡度、起伏度、人口密度在空间上拟合的结果，并将其与村级行政边界进行叠合。

（1）海拔高度。多高的海拔高度算高山，目前国内外尚无统一的意见。国内较为普遍的看法是，海拔500～1000m属低山，海拔1000～3500m属中山，海拔3500～5000m属高山，海拔5000m以上属极高山（《中国地理丛书》编辑委员会，1990）。重庆市属典型的山地区域，地貌类型复杂多样，按《中国地理丛书》编辑委员会的划分标准，包括平原、缓丘、低丘、中丘、高丘、台地、低山、中山等8种地貌类型。其中，中山面积4.26万km²，占全市辖区面积的51.71%（陈升琪，2003）。即便海拔3500m确实为中山和高山的分割线，但是高山村应该是中山和高山的过渡地带，从保护和开发的角度考虑，都不宜截然将中山和高山完全分开来讨论。此外，按照重庆市农业区划，全市共分为沿江河谷区、浅丘平坝区、深丘区、低山区、中高山区等五大农业生产区（高兴明，2014），说明中高山区具有类似的农业生产条件。综合上述因素，将我市高山村的海拔高度下限下调到1000m。

（2）坡度。高山与坡度目前尚无确切的数字对应关系，多为定性的研究，普遍认为高山表现为坡度较陡。立足于坡度对建筑、交通、防灾等的影响，结合重庆的具体情况，刁承泰将坡度划分为平坡地（≤5%，约2.9°）、缓坡地（5%～15%，约2.9°～8.5°）、中坡地（15%～30%，约8.5°～16.7°）、陡坡地（30%～50%，约16.7°～26.6°）、峻坡地（50%～70%，约26.6°～35°）、峭坡地（>70%，约35°）6个等级（刁承泰，1990）。对应于坡度较陡的普遍看法，高山的坡度应在30%（约16.7°）以上。立足于耕地保护，《土地利用现状调查技术规程》将坡度划分为一般无水土流失现象（≤2°）、可发生轻度土壤侵蚀需注意水土保持（2°～6°）、可发生中度水土流失应采取修筑梯田和等高种植等措施以加强水土保持（6°～15°）、水土流失严重必须采取工程和生物等综合措施防治水土流失（15°～25°）、不准开荒种植农作物且已经开垦为耕地的要逐步退耕还林还草（>25°）5个等级（中国农业区划委员会，1984）。《水土保持法》进一步规定，坡度大于25°为开荒限制坡度。高山村作为生态涵养和生态保护的关键区域，事关全市生态安全，落实从严控制的要求，将我市高山村的坡度下限提高至25°。

（3）起伏度。在山地和丘陵地区，起伏度是影响规划和建设的重要指标（刁承泰，1990）。从地貌学的角度，按照起伏度，《中国地理丛书》编辑委员会将中山和高山再次划分为浅切割（起伏度100~500m）、中等切割（起伏度500~1000m）、深切割（起伏度大于1000m）3个等级（《中国地理丛书编辑委员会，1990》）。中科院地理所则从地貌制图的角度，将中山和高山再次划分为小起伏（起伏度200~500m）、中起伏（起伏度500~1000m）、大起伏（起伏度1000~2500m）、极大起伏（起伏度大于2500m）4个等级（中科院地理所，1987）。结合有关研究，并区别于一般村，将我市高山村的起伏度下限提高至500m。

（4）人口密度。随着海拔高度的升高，聚落分布数量和人口规模逐渐减少，人口密度也大大降低（沈茂英，2006）。因此，区别于一般村，高山村的人口分布十分稀疏。采用重庆市地理信息中心建设的重庆市村镇数据库（2014年数据），将人口分布与海拔高程进行模拟：首先，LORENZ曲线对应的基尼系数为0.46，表明人口更倾向于在低低海拔地区分布（图3-1）；其次，根据人口-高程拟合曲线，重庆市人口主要分布在海拔1000m以下（图3-2）。综合来看，重庆市人口主要居住在高程1000m以下的区域，集中了全市95%的人口，高程超过1000m后，累积人口百分比的增加速度变得很小，仅居住了全市5%的人口。

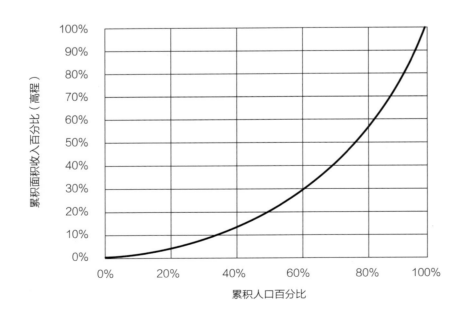

图3-1　海拔高程与人口分布的LORENZ曲线

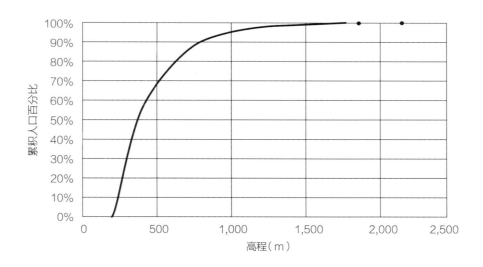

图3-2　人口分布与海拔高程的拟合曲线

（5）行政边界。将上述自然地理和社会经济指标在空间上进行拟合，并将确定的空间范围与村级行政边界进行叠合，综合确定重庆市高山村的数量与空间分布。因此，高山村应基于村级行政边界来识别，从政策执行上来看，高山村也应以行政村为基础。

3.2.2　高山村识别指标体系

按照高山村的判定依据，高山村的划定是对海拔高度、坡度、起伏度、人口密度在空间上进行拟合，进而将确定的空间范围与村级行政边界进行叠合。考虑到人口密度与海拔高度具有强烈的相关性，高山村的海拔高度直接决定了稀疏的人口分布。

与此同时，高山村是一个区域的概念，而一定数值的海拔高度、坡度、起伏度在空间上是呈散点状分布，并不是一个连续的区域。为此，必须对散点状分布的指标进行区域化处理。海拔高度上，仍然将海拔1000m作为高山村的临界点，并对应大量山区群众生活在自然条件恶劣的高海拔地区的基本认识，将海拔高度这一指标区域化为村域面积60%以上超过1000m。坡度上，仍然将25°作为高山村的临界点，并区域化为村域平均坡度大于25°。起伏度上，仍然将500m作为高山村的临界点，并区域化为以村级行政边界为基本单元的起伏度大于500m的行政村。

据此，将高山村识别指标体系归并为3个：即村域面积60%以上海拔高度超过1000m、村域平均坡度大于25°、起伏度大于500m的行政村，其中，村域面积60%以上海拔高度超过1000m为核心条件，其余两个为辅助条件，但必须三个条件全部满足才可判定为高山村（表3-1）。

高山村识别的指标体系　　　　　　　　　　表3-1

识别指标	具体要求	指标性质	备注
海拔高度	村域面积60%以上海拔高度超过1000m	核心条件	三个条件必须全部满足才可判定为高山村
坡度	村域平均坡度大于25°	辅助条件	
起伏度	起伏度大于500m的行政村	辅助条件	

3.2.3　高山村量化识别方法

参照高山村识别方法的文献综述，针对表3-1确定的高山村识别指标体系，采用地理信息技术，尤其是GIS技术进行识别与分析。总体思路是：以数字高程模型（DEM）为主要数据源，采用ArcGIS平台下的空间分析工具（Spatial Analyst Tools），以村级行政边界为基本单元，对构建的高山村识别指标体系进行栅格数据重分类、坡度分析、栅格计算等评价，确定高山村的数量及空间分布。

本研究采用的DEM数据来源于重庆市地理信息中心基础地理信息数据库，综合考虑市域的宏观尺度和村级行政边界的微观尺度，DEM的空间分辨率选取为1∶5万。

首先，对村域海拔高度进行分类识别，依托ArcMap软件中的Spatial Analyst Tools＞Reclass＞Reclassify工具，以1000m高程作为分界值对DEM进行重分类，将全市划分为1000m以下、1000m以上两个类型。经与村级行政边界的叠加，计算各行政村海拔1000m以上区域的面积及所占比例，选择并提取比例超过60%的行政村。

其次，在ArcMap中加载村域面积60%以上海拔高度超过1000米行政村的DEM文件，以行政村为基本统计单元，选择ArcMap中Spatial Analyst Tools＞Surface＞Slope工具，生成坡度图；进一步采用Spatial Analyst Tools＞Zonal＞Zonal Statistic as Table工具统计各行政村平均坡度，选择并提取平均坡度大于25°的行政村。

最后，在ArcMap中加载平均坡度大于25°的行政村的DEM文件，以行政村为基本统计单元，选择Spatial Analyst Tools＞Zonal＞Zonal Statistic as Table工具统计各行政村高程最大值（max）和高程最小值（max），计算差值（range）作为起伏度，提取起伏度大于500m的行政村，即为最终识别出的高山村。

由此可见，高山村量化识别的关键是数字高程模型的建立，识别的基础是村级行政边界。与此同时，从海拔高程到坡度，再到起伏度是层层递进的关系，海拔高程是坡度分析的基础，坡度又是起伏度分析的基础，经过三次渐进式的分析，得出最终的高山村识别结果。

3.3　重庆高山村空间分布

3.3.1　高山村识别结果

基于ArcGIS空间识别平台，以高山村的识别指标为依据，全市范围内共识别出595个村符合高山村的内涵，主要分布在渝东北片区和渝东南片区，共占全市8302个行政村的7.17%；高山村面积共11675.71km²[①]，占全市面积的14.17%；高山村内户籍人口共约87万人，常住人口共约65万人，从常住户籍人口比可知，高山村内总体呈现人口净流出的特征。

高山村分布在全市18个区县内。渝东北片区内分布有高山村的共8个区县，包括万州、城口、巫山、巫溪、奉节、开州、丰都、云阳，其中城口分布的数量和面积均最多，城口全县175个行政村中有148个村为高山村，占全县行政村总个数的84.57%，占全县域总面积的88.83%，其次是巫溪，全县289个行政村中有134个村为高山村，占全县域面积的64.39%，奉节和巫山高山村个数分别为72个和54个，高山村个数占全县行政村总个数的15%以上，其他区县高山村个数和面积占比相对较少，万州仅1个高山村；渝东南片区中的6个区县均分布有高山村，其中石柱分布最多，共有56个高山村，占全县行政村总个数的27.05%，高山村面积占县域总面积的37.03%，其次是武隆，共分布有26个高山村，其他四个区县——彭水、酉阳、黔江和秀山中高山村的分布相对较少，均少于10个；渝西片区内共4个区——南川、綦江、江津和涪陵分布有高山村，其中南川分布相对较多，共有16个高山村，占全区行政村总个数的8.65%，区域总面积的17.03%，綦江、江津和涪陵分别有4个、3个和2个高山村分布其中。高山村在各区县中的具体分布情况详见表3-2、图3-3。

---

① 村域面积在2000坐标系下计算。

高山村行政区分布统计　　　　　　　　　　　　表3-2

片区	区县名称	高山村个数（个）	占区县行政村个数比例（%）	面积（km²）	占区县域面积比例（%）
渝东北片区	城口	148	84.57	2922	88.83
	巫溪	134	46.37	2589	64.39
	奉节	72	21.69	1016	24.78
	巫山	54	17.59	843	28.52
	开州	33	7.67	729	18.39
	丰都	14	5.15	239	8.24
	云阳	12	3.09	165	4.54
	万州	1	0.22	25	0.69
渝东南片区	石柱	56	27.05	1116	37.03
	武隆	26	14.05	718	24.85
	彭水	7	2.95	143	3.67
	酉阳	6	2.26	201	3.89
	黔江	5	3.62	128	5.35
	秀山	2	0.96	33	1.34
渝西片区	南川	16	8.65	441	17.03
	綦江	4	1.10	101	3.68
	江津	3	1.68	222	6.89
	涪陵	2	0.65	45	1.53
总计		595	12.10	11676	19.58

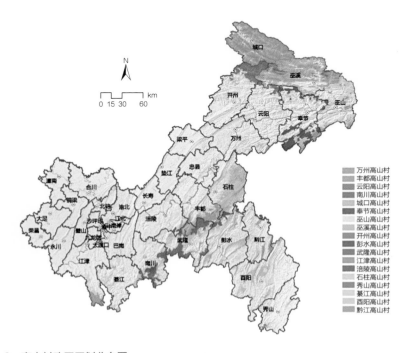

图3-3　高山村政区区划分布图

3.3.2 高山村分布特征

高山村全部位于重庆四大山系内——大巴山山系、巫山–七曜山山系、武陵山山系和大娄山山系，其中，大巴山和巫山–七曜山山系内高山村分布较多且集中，共有561个村，占高山村个数比例的94.28%，武陵山和大娄山山系内高山村分布较少，共有34个村，仅占高山村个数比例的5.72%，具体分布情况详见表3–3、图3–4。

高山村地理分布 表3–3

山系名称	高山村个数（个）	占高山村个数比例（%）	面积（km²）	占高山村比例（%）
大巴山及过渡山系	372	62.52	6919	59.26
巫山–七曜山山系	182	30.59	3477	29.78
大巴山和巫山–七曜山山系	7	1.18	224	1.92
武陵山山系	15	2.52	418	3.58
大娄山山系	19	3.19	638	5.46
总计	595	100	11676	100

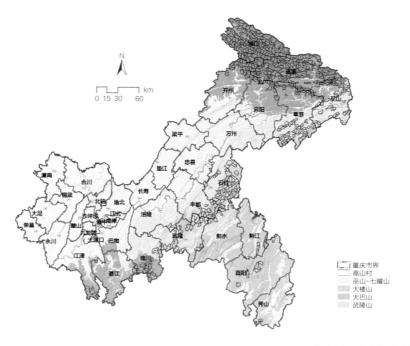

图3-4 高山村地理分布图

3.4　本章小结

　　本章首先梳理了高山及高山地区含义，界定了农村与乡村、行政村与自然村概念，从自然地理、生态服务（含文化功能）、社会经济、政府管理四个方面解读了高山村概念的内涵。明确了高山村可依据海拔高度、坡度、起伏度、人口密度和行政边界五个方面进行判定。综合考虑高山村概念和判定依据，构建了高山村的识别指标体系，即村域面积60%以上海拔高度超过1000m、村域平均坡度大于25°且起伏度大于500m的行政村。

　　利用现有地理数据资源、借助遥感及地理信息技术，以村级行政边界为基本单元，对构建的高山村识别指标体系进行评价，确定重庆全市高山村共595个，面积共11675.71km²。从地理分布来看，全市高山村主要分布在重庆四大山系内——大巴山山系、巫山—七曜山山系、武陵山山系和大娄山山系，其中大巴山和巫山—七曜山山系内分布最多且集中。从行政区划来看，全市高山村主要分布在渝东北片区内的各区县高山村分布较多，其次是渝东南片区，渝西片区仅有南川、綦江、江津和涪陵分布有少量高山村。

第 4 章

重庆高山村现状
分析与综合分类

4.1 数据来源与技术方法

4.1.1 地理信息数据整合与空间分析

本研究采用的地理信息数据主要包括重庆市第一次地理国情普查、2015年重庆市村镇调查、2011年重庆市第一次水利普查、重庆市2013年土地变更调查、重庆市石漠化监测等相关普查（调查）数据，文物保护单位、旅游景点等专题地理要素数据，自然保护区、森林公园、风景名胜区、地质公园、湿地公园、自然遗产等地理单元数据。运用地理学、资源环境学、生态学、统计学、空间计量经济学等相关学科理论，以3S技术为平台，采用经典统计分析方法、地理模型分析方法、景观格局分析方法以及综合评价等技术方法，从资源条件、经济发展、配套设施条件、人口集中居住情况、地域空间限制因素、风险性因素六方面开展重庆市高山村现状分析。其中资源条件评价主要涉及耕地资源、水资源、旅游资源、生态环境、历史文化资源；经济发展基础评价通过村人均经济产值以及产业结构表征；配套设施条件通过交通条件、供水设施条件表征；人口集中居住情况通过集中居住点面积比重、居民点空间分布离散度进行具体评价；地域空间限制情况、风险性因素评价具体涉及生态修复保护区覆盖情况、石漠化程度、地质灾害易发程度及地灾点密度等限制因素，具体见表4-1。

具体评价指标计算方法包括关联分析、相关分析等经典统计学方法，缓冲区分析、叠加分析、网络分析等GIS空间分析方法，居民点景观分离度、植被覆盖度估算等地理模型分析方法，破碎度、分维数等景观格局分析方法。

重庆市高山村发展现状评价指标体系   表4-1

指标构成	二级指标	具体指标	
资源条件	耕地资源	耕地资源数量	人均耕地面积
		耕地资源质量	耕地景观破碎度
			耕地景观分维数
	水资源	水面面积占比	
		河网密度	
	旅游资源	旅游资源邻接关系	A级旅游景区分布
			临近风景名胜区、森林公园、世界自然遗产、地质公园、湿地公园
	生态环境状况	森林覆盖率	
		植被覆盖度	
	历史文化资源	文物保护单位分布	

续表

指标构成	二级指标	具体指标
经济发展	经济总量	人均经济产值
配套设施	交通条件	道路密度
		距离乡镇场交通时间
	供水设施条件	自来水供应情况
		现状供水设施可利用程度
人口集中居住情况	集中居民点覆盖房屋建筑区面积比重	
	居民点空间分布离散度	
地域空间限制情况	生态修复保护区限制	生态修复保护区覆盖村域面积比重
		生态修复保护区内居民点分布比重
	自然地理条件限制	25° 以上坡度区域面积占比
	其他生态限制区	石漠化区域面积占比
地灾风险性因素	地灾点分布密度	
	地质灾害高易发区/高危险区	

注：生态修复保护区包括市级以上自然保护区、市级以上风景名胜区、市级以上森林公园、市级以上地质公园、市级以上湿地公园、世界自然遗产、水源地保护区。

4.1.2　现状调查及统计分析

为更准确、深入、全面和直接地了解高山村发展的现状、存在的问题、村民的实际需求，本研究从595个高山村中抽取了60%共350个村进行调研。

调研通过部门接洽、村内座谈、入户访谈和特色资源实地踏勘、问卷调查等多种方式开展，重点对各高山村基础设施情况、公共设施情况、村民收入情况与组成、地质灾害和集中居住情况等内容进行了调查。350个村共发放7000份问卷，平均每村发放20份问卷，调查问卷回收率为14%，共收回了975份调查问卷。

采用经典统计学方法对现状调查结果进行汇总，并对高山村存在的现状问题进行归纳总结。

4.2　重庆高山村现状特征分析

4.2.1　资源条件分析

在资源条件方面，重庆高山村各村之间存在资源禀赋条件总体差异较大的特征，既包括资源类型差异也包括资源禀赋空间差异。

（1）耕地资源

耕地作为土地资源的核心，是传统农业产出的最主要生产资料，对于承载高山村农业人口、维系传统农村社会关系具有基础作用。

1）耕地资源数量

本研究基于国土部门2013年土地利用变更调查的土地利用地类图斑（DLTB）数据提取各村域范围内耕地面积，然后结合重庆市村镇数据库调查成果中的农村户籍人口数据计算人均耕地面积。根据2014年重庆市人均耕地面积①1.23亩的统计结果，按照倍数关系，以1.23亩、2.46亩、3.69亩、4.92亩为间断值，将高山村人均耕地面积分为五类，进而评价高山村耕地面积分布特征（表4-2）。

全市高山村耕地与人口数量具有较好的数量平衡关系，人均耕地资源具有一定优势。全市仅31个高山村人均耕地面积低于1.23亩，绝大多数高山村人均耕地面积高于1.23亩，其中又以1.23～2.46亩之间最为集中，其次是2.46～3.69亩。空间上，受地理条件影响，不同区域高山村人均耕地呈现一定的空间分异规律，具有不同的农业发展条件。巫溪西部、开州北部区域以及石柱、丰都、武隆境内七曜山区域的高山村人均耕地面积较高，农业发展具有相对优势；人均耕地面积低于全市平均的高山村，以城口和巫溪大巴山区域分布较多，农业发展基础相对较差。

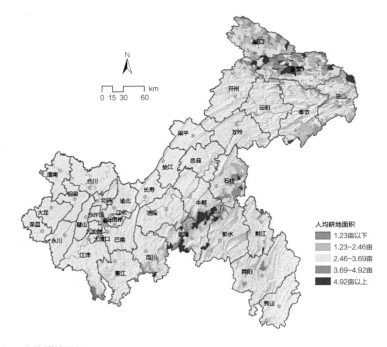

图4-1 人均耕地面积

---

① 全市人均耕地面积=全市耕地总面积/全市常住人口数量。

高山村耕地资源数量分类评价表　　　　　　　表4-2

评价指标	计算方式	分类区间	涉及高山村数量
人均耕地面积	耕地面积/户籍人口数	1.23亩以下	31
		1.23~2.46亩	249
		2.46~3.69亩	194
		3.69~4.92亩	70
		4.92以上	51

2）耕地资源质量

对于山区，相对集中连片分布的耕地属高质量耕地，有利于开展规模化种植和农业机械的使用，农业产出潜力相对较高；而分散破碎化的耕地分布则不利于农业产业发展效率的提高，适宜家庭式小规模集约开发，因此耕地空间分布形态的识别对于高山村农业产业分类指导具有重要意义。本研究借助景观生态学方法，采用耕地破碎度、耕地分维数反映各高山村耕地资源质量。

破碎度（也称斑块密度）表征地表被分割的破碎程度。耕地破碎度反映耕地空间结构的复杂性，耕地破碎度越高，农业规模化生产条件越差，计算公式如下所示。

$$PD_i = N_i/A_i \qquad (4-1)$$

式中，PD_i 为 i 村耕地的破碎度，N_i 为 i 村耕地的斑块数，A_i 为 i 村耕地的总面积。

分维数可以直观地理解为不规则几何形状的非整数维数。分维数越大表明斑块越复杂。对于单个斑块来说，分维数值的理论范围为 1.0~2.0，1.0代表形状最简单的正方形斑块，2.0表示等面积下外廓边界线最复杂的斑块。

本研究中，针对某一高山村耕地斑块的分维数计算采用面积加权平均分维数指数来具体表征。

$$AWMPFD_i = \sum_{j=1}^{n}\left[\frac{2\ln(0.25P_{ij})}{\ln(a_{ij})}\left(\frac{a_{ij}}{TA_i}\right)\right] \qquad (4-2)$$

式中，$AWMPFD_i$ 为 i 村耕地斑块的面积加权平均分维数，P_{ij} 为 i 村第 j 个耕地图斑的周长，a_{ij} 为 i 村第 j 个耕地图斑的面积，TA_i 为 i 村耕地图斑总面积。当 $AWMPFD=1$ 时，村域中所有耕地斑块为正方形，随着 $AWMPFD$ 值的增加，耕地斑块的形状越偏离正方形，说明耕地形状的平均状态是复杂和破碎的。高山村耕地斑块的面积加权平均分维数越大，说明耕地斑块形状越不规则，越不利于农业产业规模化开发利用。

在逐村统计计算的基础上，采用Natural Breaks[①]分类方法，根据耕地破碎度、耕地分维数，将全市高山村分别分为五类（图4-2、图4-3、表4-3）。

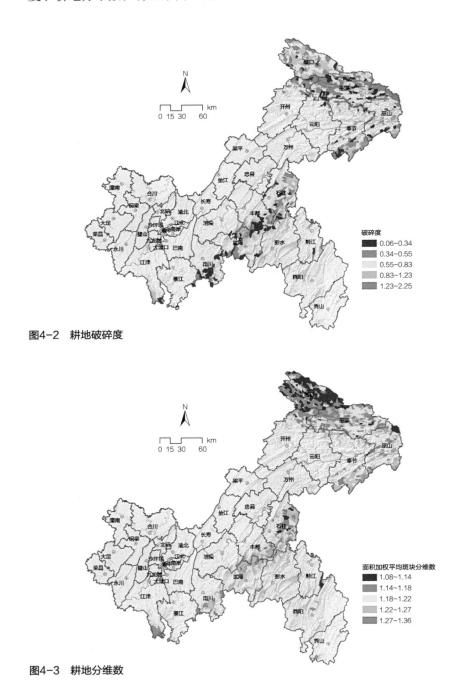

图4-2　耕地破碎度

图4-3　耕地分维数

① Natural Breaks分类又称自然段点法，是最常用的数据分类法，也是ArcGIS中的默认分类法。该方法基于方差最小的原则，能很好地"物以类聚"，实现类别之间的差异明显，而内部的差异是很小。

高山村耕地资源质量分类评价表　　　　　　表4-3

评价指标	分类区间	等级	涉及高山村数量
耕地破碎度	0.06~0.34	低	144
	0.34~0.55	较低	191
	0.55~0.83	一般	161
	0.83~1.23	较高	73
	1.23~2.25	高	26
耕地面积加权平均斑块分维数	1.08~1.14	低	93
	1.14~1.18	较低	151
	1.18~1.22	一般	171
	1.22~1.27	较高	136
	1.27~1.36	高	44
耕地资源质量综合评价	耕地破碎度为"低"、"较低"、"一般"且耕地分维数为"低"、"较低"、"一般"	较好	63
	其他	较差	532

全市高山村耕地破碎度、分维数空间差异明显，且两类评价指标总体呈现负相关关系，总体上仅少数村耕地质量较好，多数村耕地零散破碎，集中连片可用地少。受大巴山复背斜地质结构影响，城口区域内耕地景观破碎度整体较高，多属"一般"及以上水平，但耕地分维数多属"低"、"较低"水平，表明该区域耕地斑块多呈离散分布且各斑块形状相对较为规则。其他区域耕地景观破碎度整体较低，多属"一般"及以下水平，但耕地分维数相对较高，表明该区域耕地斑块多呈连续分布且各斑块形状较不规则，主要是由于该区域喀斯特地貌相对发育，耕地多沿相互连通的洼地、谷地、坪坝、残丘呈条带状或蜂窝状分布，形状较不规则。进一步对全市高山村耕地破碎度、耕地分维数进行相关关系分析，结果表明二者具有统计学上呈显著的负相关（图4-4）。

对耕地破碎度、耕地分维数两类指标进行组合，认定耕地破碎度为"低"、"较低"、"一般"且耕地分维数为"低"、"较低"、"一般"的高山村具有较好的耕地质量。根据统计分析结果，全市高山村耕地质量总体较差，仅63个村具有较好的耕地质量，仅占全市高山村数量的10.59%。分析结果显示高山村不适宜发展规模农业，建议高山村产业发展规划指引应充分挖掘本地特色农业和旅游资源禀赋（图4-5、表4-3）。

另一方面，考虑耕地景观指数的空间差异性，高山村农业产业发展应注意分

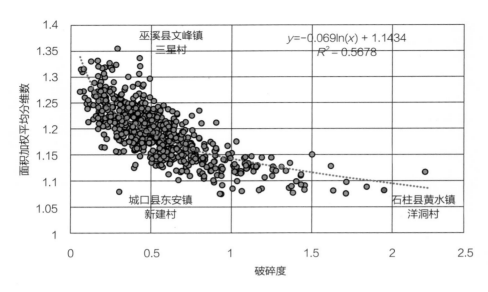

图4-4　高山村耕地破碎度与分维数相关关系分析图

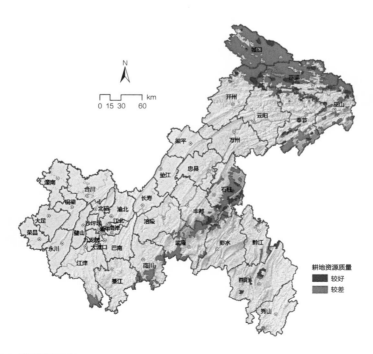

图4-5　耕地资源质量

图4-6　下堡镇金狮村梯田　　　　　　　　图4-7　土城乡和平村破碎耕地

图4-8　土城乡和平村沿道路与河流连片耕地　　图4-9　下堡镇后坝村山顶连片耕地

类引导。以巫溪县为例，该县域内的高山村即具有多种耕地资源分布模式，如下堡镇金狮村、白鹿镇兰蟒村等村内耕地以梯田为主，土城乡和平村耕地除大部分零散分布以外，部分耕地沿道路和河流连片分布，下堡镇后坝村耕地在山顶区域呈现集中分布特征（图4-6~图4-9）。因此，应当结合高山村具体的耕地资源分布模式、耕地资源质量对高山村的产业发展进行分类指导。

（2）水资源

本研究基于地理国情普查获取的高精度的地表水面覆盖数据以及河流线数据，选择水面面积占比、河网密度对高山村水资源条件进行评价。水面面积占比一定程度上能够反映村域现状地表水资源拦蓄及其可利用情况；河网作为区域汇水线以及地表水与地下水自然宣泄的通道，其密集程度一定程度上能够表征区域潜在可利用水资源的程度，例如地表径流丰富区域水库、坑塘工程通常沿区域汇水线布局，而地下河发育的喀斯特地貌区，地表径流流程短，河网稀疏，水资源拦蓄利用工程难度大。

1）水面面积

全市高山村水面面积整体较为不足，地表水拦蓄及其可利用情况较差。多数高山村水面面积占比低于全市（2.32%）及渝东南（0.79%）、渝东北（1.96%）整体水平。根据Natural Breaks分类结果，高山村水面面积占比低于0.04%的村为550个，占高山村总量的92%；水面面积占比达到"一般"以上水平的高山村仅10个。该类村或有长江干流（如巫山县平槽村）流过，或大型支流经过（如涪陵区金子山村临乌江，武隆区铜锣村临近芙蓉江，巫山县金顶村临近洋溪河）。另外，城口县任河及其支流流经的高山村河流水面占比普遍高于县内其他高山村（表4-4，图4-10）。

高山村水面面积占比评价表 表4-4

评价指标	计算方式	Natural breaks分类区间	等级	涉及高山村数量
水面面积占比	水面面积/村域面积	0~0.04%	小	550
		0.04%~0.19%	较小	35
		0.19%~0.48%	一般	7
		0.48%~2.46%	较大	2
		2.46%~7.10%	大	1

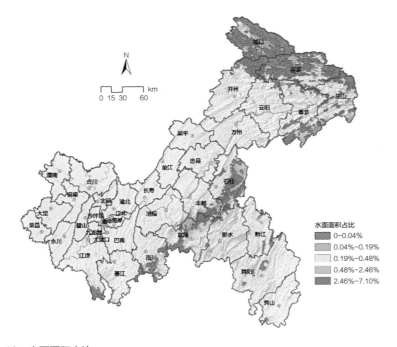

图4-10 水面面积占比

2）河网密度

高山村河网密度总体偏低，可利用水资源匮乏，工程开发利用难度相对较大。根据评价结果，全市高山村河网密度低于全市水平（920m/km²）的数量为405个。一方面是由于高山村多位于分水岭区域，地形起伏大，地表径流集水面积小，多冲沟，过境水系少；另一方面由于高山村多位于喀斯特地貌区，地下河水系发育，地表径流普遍缺失。全市仅190个高山村河网密度高于全市水平，其中巫溪、巫山、奉节交界区域河网密度相对较高，部分村达到了1500m/km²以上；石柱、武隆境内河网密度达到1200m/km²以上的高山村数量也较多（表4-5，图4-11）。与中西部丘陵平坝区相比，高山村水系多属河流源头段，又多位于深切河谷区、比降大，存在较为明显的季节性，干涸期时间长，工程利用难度较大。

高山村河网密度评价表　　　　　　　　表4-5

评价指标	计算方式	分类区间	等级	涉及高山村数量
河网密度	河流线长度/村域面积	920m/km²以下	低	405
		920～1200m/km²	一般	129
		1200～1500m/km²	较高	39
		1500m/km²以上	高	22

图4-11　河网密度

（3）旅游资源

挖掘旅游资源，发展旅游产业是重庆市乡村扶贫开发工作的重要路径。近年来基于高山村较好的气候资源以及良好的生态环境，重庆市高山村避暑休闲产业等旅游业态发展较快，有效实现了农民增收，优化了村域产业结构。本研究通过分析高山村与风景名胜区、森林公园、湿地公园、地质公园、自然遗产等旅游资源高品质区以及现状A级以上旅游景区的邻接关系，进一步结合全国或重庆市特色景观旅游名村名录，定量评价全市高山村旅游资源发展条件。

本研究在高山村与既有高品质旅游资源空间邻接关系评价中，首先，基于风景名胜区、森林公园、湿地公园、地质公园、自然遗产等空间范围，按照1km、3km、5km的半径进行缓冲区分析，基于A级以上旅游景区点，按照3km、5km的半径进行缓冲区分析；然后采用"就上原则"，分析高品质旅游资源对村域覆盖情况（例如某一风景名胜区及其1km缓冲区覆盖了某一村域50%以上，则认为该村位于风景名胜区1km缓冲范围内，无需再评价3km、5km缓冲区覆盖情况）；最后，根据缓冲区覆盖情况，分国家级以上旅游资源区、市级旅游资源区、旅游景点覆盖情况三个层级分别对各村进行赋值，并按照最大值原则进行综合评分。另外，综合考虑国家住房和城乡建设、国家旅游局发布的全国三批特色景观旅游名村名录，重庆市城乡建委、市旅游局发布的重庆市两批特色景观旅游名村名录，对以上赋值评价结果进行修正，设定高山村中凡属名录内的村均赋值为9，见表4-6。

高山村与旅游资源邻接关系评价方法   表4-6

旅游资源类型	距离	赋值	综合计算方法
国家级风景名胜区、世界自然遗产、国家级森林公园、国家级湿地公园、国家级地质公园（a）	50%村域位于1km以内	9	
	50%村域位于3km以内	7	
	50%村域位于5km以内	5	
	5km以内覆盖≥10%且<50%	3	
市级风景名胜区、市级森林公园、市级湿地公园（b）	50%村域位于1km以内	7	
	50%村域位于3km以内	5	
	50%村域位于5km以内	3	Max（a，b，c，d）
	5km以内覆盖≥10%且<50%	1	
其他A级以上景点（c）	50%村域位于3km以内	5	
	50%村域位于5km以内	3	
	5km以内覆盖≥10%且<50%	1	
全国、重庆市特色景观旅游名村（d）	—	9	
其他村		0	

根据评价结果，高山村周边旅游资源尤其是自然景观类旅游资源丰度相对较高，且质量较好，约三分之一左右的高山村与旅游资源邻接关系达到"较好"水平以上，多数区县具备旅游资源梯度开发的条件。

高山村范围及周边涉及的国家级风景名胜区共计5个，分别是四面山风景名胜区、金佛山风景名胜区、芙蓉江风景名胜区、天坑地缝风景名胜区、长江三峡风景名胜区；涉及的国家级森林公园共计14个，分别是九重山森林公园、武陵山森林公园、雪宝山森林公园、金佛山森林公园、山王坪喀斯特国家生态公园、茂云山森林公园、黔江森林公园、黄水森林公园、黑山森林公园、仙女山森林公园、小三峡森林公园、红池坝森林公园、巴尔盖森林公园、桃花源森林公园；涉及的国家级湿地公园有4个，分别是巴山湖湿地公园、阿蓬江湿地公园、大昌湖湿地公园、藤子沟湿地公园；涉及的世界自然遗产为中国南方喀斯特（武隆、金佛山）；涉及的国家地质公园有7个，包括万盛地质公园、小南海地质公园、酉阳地质公园、武隆岩溶地质公园、大巴山地质公园、龙缸地质公园、长江三峡（重庆）地质公园。

高山村范围及周边涉及的市级风景名胜区共计8个，分别是黑山-石林风景名胜区、小南海风景名胜区、九重山风景名胜区、后坪天坑风景名胜区、天生三硚风景名胜区、大宁河小三峡风景名胜区、红池坝风景名胜区、黄水风景名胜区；涉及的市级森林公园有11个，分别是三岔河森林公园、龙头嘴森林公园、乐村森林公园、梨子坪森林公园、白果森林公园、乌江森林公园、楠竹山森林公园、顺龙山森林公园、九锅箐森林公园、七曜山森林公园、翠屏山森林公园。

高山村范围及周边涉及的A级以上旅游景点包括万盛黑山谷、南川金佛山、南天湖、仙女山—芙蓉洞、巫山小三峡—小小三峡、酉阳桃花源6个5A级景区；武陵山大裂谷、万盛石林、濯水古镇、四面山等11个4A级景区；武陵山森林公园、黄水药用植物园等6个3A级景区；石壕红军烈士墓、灵巫洞、汉风神谷、南腰界红色旅游景区4个2A级景区。

另外，还包括全国特色景观旅游名村1个（江津区四面山镇洪洞村）；重庆市特色景观旅游名村2个（城口县东安镇兴田村、武隆区土地乡天生村）。

综合评价表明，与旅游资源邻接关系评分达到"较好"以上水平的高山村有136个，以城口县、巫溪、开州三线交界区域分布最为集中，其次是城口县西部。总体上，除秀山县、酉阳县外，其他各区县均有旅游资源邻接关系"较好"的高山村分布，有利于开展旅游资源分区梯度开发（表4-7，图4-12）。

高山村与旅游资源邻接关系评价表　　　　表4-7

评分	等级	涉及高山村数量
0	差	296
1	差	21
3	较差	68
5	一般	74
7	较好	66
9	好	70

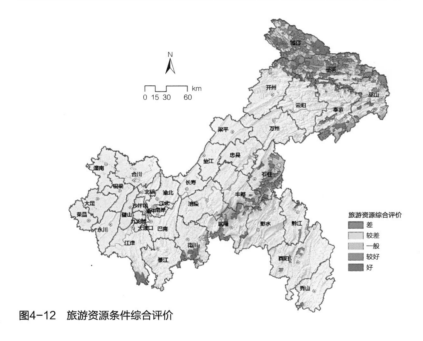

图4-12　旅游资源条件综合评价

（4）生态环境条件

生态环境的好坏对于高山村的发展具有双重影响，通常通达性较差、人口干扰较少的村域原生生态环境保持较好，从生态系统维持角度考虑，该类区域适宜规划为自然保护区等生态管制区进行限入管控，鼓励人口搬迁；从区域发展角度考虑，优势明显的生态环境本身既可以作为一种独立的自然风貌旅游资源，也可以作为历史文化旅游景点的附加旅游产品。本研究从后者角度出发，将生态环境视为与旅游资源开发相关联的积极要素进行分析评价。

本研究选择森林覆盖率和植被覆盖度作为评价指标进行生态环境条件评价。森林覆盖率反映的是村域内森林所占面积比重，通常森林覆盖率与负氧离子等环境指标有着密切关系；植被覆盖度则是从空间离散角度反映林、灌、草、农作物等植被对地表的遮蔽程度。

1）森林覆盖率

基于地理国情普查数据，提取森林图斑（乔木林地、灌木林地、乔灌混合林地、竹林地四类），逐村统计面积并计算其与村域总面积比值，计算森林覆盖率。

高山村森林覆盖率普遍较高，大巴山区域最为突出。根据评价结果，高山村森林覆盖率最低值为66.22%，最高值达97.87%，远高于全市58.66%的整体水平。空间上，森林覆盖率相对较高的高山村主要集中于大巴山大起伏中山区域，尤其是大巴山自然保护区、阴条岭自然保护区、五里坡自然保护区及其周边区域；相对较低的高山村主要分布于大巴山以南的巫溪、奉节、巫山交界区，其次是巫山—七曜山区域，南川金佛山区域。该类区域多属喀斯特中小起伏中山地貌，人类活动相对频繁，具有较高的农业生产用地比重（表4-8，图4-13）。

高山村森林覆盖率评价表　　　　　　　　表4-8

评价指标	计算方式	Natural breaks分类区间	等级	涉及高山村数量
森林面积占比	森林面积/村域面积	66.22%~76.35%	低	68
		76.35%~82.68%	较低	147
		82.68%~87.26%	一般	133
		87.26%~91.61%	较高	152
		91.61%~97.87%	高	95

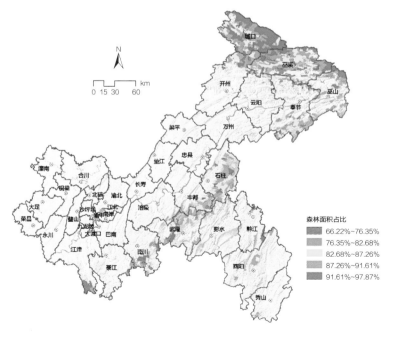

图4-13　森林面积占比

2）植被覆盖度

采用基于中分辨率遥感卫星对地观测生态参数MODIS-NDVI数据（该数据基于红波段和近红外波段计算，对地表植被水分变化较为敏感，十分适合大尺度植被监测），基于像元二分法构建模型近似估算植被覆盖度，并按村计算平均值。

$$VFC= (NDVI–NDVI_{土壤}) / (NDVI_{植被}–NDVI_{土壤})　　　（4–3）$$

其中，VFC表示植被覆盖度，$NDVI_{土壤}$为完全是裸土或无植被覆盖区域像元的$NDVI$值，$NDVI_{植被}$则代表完全被植被所覆盖的像元的$NDVI$值，即纯植被像元的$NDVI$值。本模型计算植被覆盖度的关键是计算$NDVI_{土壤}$和$NDVI_{植被}$。计算时，假设区内VFC最大值、VFC最小值分别对应纯植被覆盖和纯裸土。

高山村植被覆盖度整体较好，优于全市0.823的植被覆盖度整体水平，其中大巴山区域尤为突出，其次是石柱东北部。根据评价结果，植被覆盖度指数与森林覆盖率指标具有较强的空间分布一致性（表4–9，图4–14）。

高山村植被覆盖度评价表　　　　　　　　表4–9

评价指标	计算方式	Natural breaks 分类区间	等级	涉及高山村数量
植被覆盖度	MODIS–NDVI 数据推算	0.815～0.871	低	47
		0.871～0.898	较低	99
		0.898～0.919	一般	148
		0.919～0.939	较高	180
		0.939～0.981	高	121

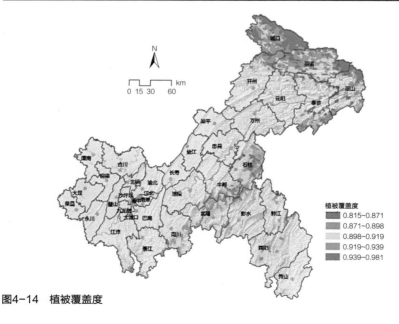

图4–14　植被覆盖度

3）生态环境条件综合评价

在森林覆盖率和植被覆盖度分别评价的基础上，采用等权汇总的方式进行综合得分计算，测定高山村生态环境综合条件。

根据评价结果，全市高山村生态环境综合条件总体偏好，达到"好"、"较好"等级的村有312个，超过50%，空间上集中分布于大巴山区域，该类区域各类自然保护区、森林公园分布数量多，面积大，原生生态环境维持较好；其次是地貌区过渡地带，该类区域地形起伏大，人口密度低，森林植被覆盖率高且保护较好。大巴山以南的巫山—奉节—巫溪区域、石柱县明月山区域以及丰都—武隆—彭水交界区域的七曜山平缓中山区的高山村人类活动相对频繁，村域平均植被覆盖度整体较低（表4-10，图4-15）。

高山村生态环境条件综合评价表　　　　　　　表4-10

得分	等级	涉及高山村数量
1~2	差	68
3~4	较差	147
5	一般	68
6~7	较好	185
8~9	好	127

图4-15　生态环境综合评价

（5）历史文化资源

历史文化资源是指人类发展进程中所创造的一切含有文化意味的文明成果以及承载有一定文化意义的活动、事件、物件等，是历史传承的代表，具有独特的价值，是发展文化创意产业、文化旅游产业的载体。

重庆市高山村范围内涉及的文物保护单位包括省（市）级文物保护单位2处，分别是巫溪县荆竹坝岩棺群区、江津区灰千岩崖画；（县）级文物保护单位34处，涉及古建筑3处，古墓葬6处，古遗址4处，近现代重要史迹及代表性建筑15处，石窟寺及石刻6处。不可移动文物867个，涉及古建筑47处，古墓葬700处，古遗址27处，近现代重要史迹及代表性建筑24处，石窟寺及石刻69处。

本研究以高山村分布的国家级、省（市）级、区（县）级文物保护以及不可移动文物为对象，对不同高山村的历史文化资源丰度进行赋值评价（表4-11）。

高山村历史文化资源评价方法　　　　　　　表4-11

历史文化资源	赋值	综合计算方法
国家级文物保护单位（a）	7	7a+5b+3c+1d
省（市）级文物保护单位（b）	5	
区（县）级文物保护单位（c）	3	
不可移动文物（d）	1	

根据评价结果，重庆市高山村历史文化资源评分整体较差，具有明显历史文化资源优势的村落数量少，这与高山村历史时期人类活动密度相对较低相关。评价"好"的高山村主要分布在渝东南区域，包括石柱、武隆、酉阳、彭水，另外，南川、江津和城口分别有1个村分布（表4-12，图4-16）。

高山村历史文化资源评价表　　　　　　　　表4-12

评分	等级	涉及高山村数量
0	差	299
1	较差	115
2~4	一般	116
5~9	较好	53
10~24	好	12

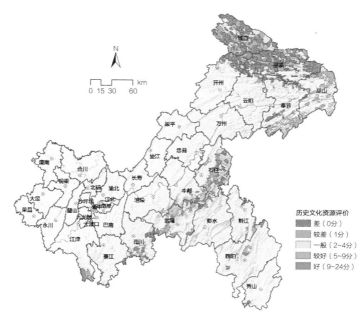

历史文化资源评价
差（0分）
较差（1分）
一般（2-4分）
较好（5-9分）
好（9-24分）

图4-16　历史文化资源评价

4.2.2　经济发展评价

根据村镇调查填报数据，选择能够反映高山村经济发展基础的农林牧渔业产值、工业总产值、服务业总产值，结合户籍人口对村域人均经济产值进行分析；基于问卷调查信息分析高山村产业结构以及家庭收入来源。结合以上两方面数据评价高山村的经济发展情况。

根据评价结果，总体上高山村经济发展处于较低水平，且各村之间差异较大；产业以农业为主，旅游产业发展处于初始阶段，但效果开始显现，外出打工和高山特色化种植是村民主要收入来源。

（1）经济发展水平

由于无直接的评价标准，本研究选择2016年国家扶贫办确定的农民人均纯收入3000元的国家扶贫标准为"较低"级别的分类标准。根据评价结果，2015年高山村户籍人口平均产值在3000元以下的有124个村，占20%以上，在城口县分布数量最多，其次是石柱中部、奉节、巫溪和巫山。考虑经济产值大于家庭收入的现实情况，说明全市仍有较大比重的高山村整体处于贫困线以下，生态扶贫工作压力较大（表4-13，图4-17）。户籍人口平均产值10000元以上的高山村有118个，占20%左右，与3000元以下高山村数量比重相当，两类村户籍人口平均产值数值差异在3倍以上，表明高山村经济发展差异较大。

高山村人均经济产值评价表		表4-13
户籍人口平均产值	等级	涉及高山村数量
3000元以下	低	124
3000~5000元	较低	123
5000~10000元	中等	230
10000~20000元	较高	88
20000元以上	高	30

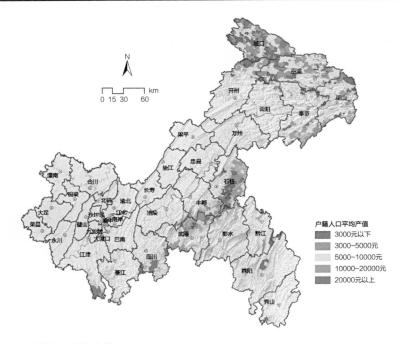

图4-17 户籍人口平均产值

高山村内人口特别是劳动力人口流出现象严重，一定程度上制约了高山村经济产业水平的提升。问卷调查统计结果表明，全市62%的高山村外出务工人口占本村总户籍人口的30%~60%；2%的高山村甚至达到60%以上（图4-18）。

高山村村民经济收入主要来源于外出务工与务农。问卷调查统计结果表明，全市高山村中有53%的家庭收入主要来源于农业种植，30%的家庭收入主要来源于外出务工（图4-19）。

（2）产业类型

高山村经济产业以农业为主，特色种植业具有一定规模，旅游业发展势头初显。问卷调查统计结果表明，高山村种植的农特产品以烤烟和中药材为主，中药

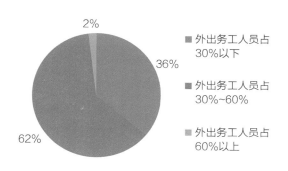
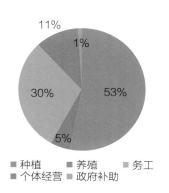

图4-18　高山村外出务工人员比例图　　图4-19　高山村村民收入来源比例图

材包括党参、白芍、百合、厚朴、黄连、木香、天麻、云母香等，其次是蔬菜，包括高山蔬菜、反季节蔬菜、朝天椒等、土豆、红薯、魔芋等。如七曜山区域，有大面积中药材和烟草的种植（图4-20、图4-21），该地区是高山村中户籍人口平均产值10000元以上分布比重最高的区域。外调的350个高山村的农特产品汇总情况如表4-14。

高山村农特产品汇总表　　　　　　表4-14

农特产品种类	村个数	农特产品种类	村个数
烤烟	96	魔芋	45
玉米	36	红薯	12
中药材	234	牡丹	3
竹笋	30	糯玉米	3
水稻	6	向日葵	9
土豆	36	大蒜	3
辣椒	12	茶叶	9
核桃	42	山羊	9
板栗	21	兔	3
蜂蜜	15	莼菜	12
松子	3		

根据问卷调查统计，全市约20%的高山村近年有旅游设施的建设，约7%的高山村有已经开发的景点或景区，约16%的高山村分布有农家乐。全市高山村旅游产业发展迅速，部分高山村旅游产业已成为支柱和主要产业，如江津区四面山镇洪洞村、城口县东安镇兴田村和武隆区土地乡天生村等。

图4-20 烟草种植

图4-21 贝母种植

4.2.3 人口居住集中度评价

居民点作为村民居住和生活的载体，受村域地貌、河流等自然条件以及耕地、交通等生产要素影响，呈现差异化的空间集聚或离散布局特征。这关系到村域内农村人口是否可以均等的或者便捷的享受到水、电、气等基础设施以及教育、医疗、交通等基本公共服务设施。合理集聚的居民点布局有利于降低政府部门在农村基础设施建设以及精准扶贫过程中的成本。

根据评价结果，重庆市高山村居民点呈现"大分散、小聚居"的分布特点，整体分散居住特征较明显，受交通线走向、河流走向、地形平坦程度以及耕地集中分布程度影响，聚居只在小规模、小范围内出现（刘雪等，2006）。

（1）居民点空间分布离散度

本研究基于地理国情普查获取的全市房屋建筑区数据，引入居民点空间分布离散度的概念，对重庆市高山村居民点分布特征进行定量评价。

居民点空间分布离散度通过房屋建筑最邻近指数（Mitchel A.E. 2005）（NNI）来表征，NNI思想是，首先计算村域内的任意房屋建筑的最邻近距离（与相邻房屋建筑的最短距离），然后取这些最邻近距离的均值与已知模式（随机分布模式）对比，进行分布模式评价。对于同一组数据，在不同的分布模式下得到的NNI是不同的，NNI小于1，表明房屋建筑点在空间上呈聚集分布模式；NNI大于1，表明房屋建筑点在空间上呈均匀分布模式，计算公式见式（4-4）~式（4-6）。

$$\overline{d_{\min}} = \frac{1}{n}\sum_{i=1}^{n}d_{i\min} \tag{4-4}$$

$$E(d_{\min}) = \frac{1}{2}\sqrt{\frac{A}{n}} + \left(0.0541 + \frac{0.041}{\sqrt{n}}\right)\frac{p}{n} \tag{4-5}$$

$$R = \frac{\overline{d_{\min}}}{E(d_{\min})} \tag{4-6}$$

式中，R为最邻近指数，$\overline{d_{\min}}$为村内房屋建筑最邻近距离，$E(d_{\min})$为随机分布模式下村内房屋建筑的最邻近距离，只与村的面积A和房屋建筑数量n有关，进一步用村边界周长P进行修正；$d_{i\min}$为村内房屋建筑i到临近房屋建筑的欧几里得距离。

重庆市高山村居民点整体以散居为主。评价结果表明，房屋建筑最邻近指数低于1的高山村仅3个，介于1～2之间的也仅94个，多数高于2，表现出明显的散居特征。空间分布上，城口、开县、巫溪区域的大巴山自然保护区、雪宝山自然保护区、以及红池坝森林公园区域周边居民点房屋建筑最邻近指数较高，渝东北城口县城周边区域以及巫溪南部的大巴山区域、七曜山—大娄山区域、武陵山区域房屋建筑最邻近指数相对较低（表4-15，图4-22）。

高山村房屋建筑最邻近指数评价表　　　　　　表4-15

最邻近指数分类	评分	涉及高山村数量
0.84～1	9	3
1～2	7	94
2～3	5	259
3～4	3	166
4～5.87	1	73

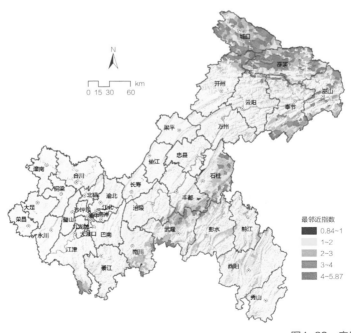

图4-22　房屋建筑最邻近指数

（2）集中居民点覆盖房屋建筑区面积比重

为进一步深入研究居民点分布特征，本研究在实地踏勘和调查咨询的基础上，基于地理国情普查房屋建筑区数据，采用ArcGIS制图综合工具，以100米为阈值，对各村域范围内房屋建筑区进行空间综合，形成若干居民点。按照居民点面积排序并识别前三位集中居民点，依次计算最大集中居民点、前三位集中居民点、前五位集中居民点覆盖村域内房屋建筑区情况，并按照表4-16，采用"就上原则"对各村集中居民点覆盖房屋建筑区情况进行赋值评价。

村域居民点房屋建筑在局部地区呈现小聚居分布特征，受地理环境影响较大。根据评价结果，最大集中居民点覆盖村域内50%以上房屋建筑区面积的高山村有36个，前五位集中居民点覆盖村域内50%以上房屋建筑区面积的高山村总量即达到252个，占高山村总量的42%；前五位集中居民点覆盖村域内30%以下房屋建筑区的高山村仅80个。但同时，居民点聚集分布存在空间差异，大巴山地区部分高山村房屋建筑多集中在少量几个居民点，主要是由于该区域地质地貌呈复背斜发育，居民点主要沿向斜沟谷呈条带状分布。而其他区域高山村微地貌较为复杂破碎，河谷、山岭等对村域分割明显，耕地、道路等生产要素离散分布于局地区域，人口随生产要素布局，一定程度上会形成彼此相隔较远、规模较小的居民聚居点（图4-23）。

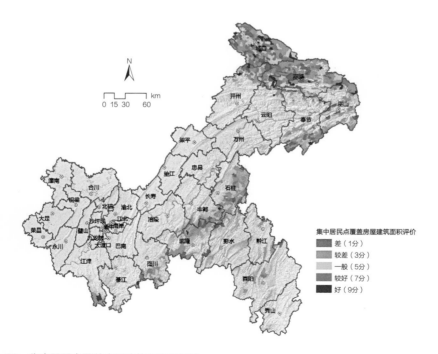

图4-23　集中居民点覆盖房屋建筑区面积评价

高山村集中居民点覆盖房屋建筑区情况评价表　　　表4-16

覆盖情况	赋值	综合计算方法	等级	数量
最大集中居民点覆盖村域内50%以上房屋建筑区（a）	9	Max (a, b, c, d, e)	好	36
前三位集中居民点覆盖村域内50%以上房屋建筑区（b）	7		较好	96
前五位集中居民点覆盖村域内50%以上房屋建筑区（d）	5		一般	120
前五位集中居民点覆盖村域内30~50%房屋建筑区（e）	3		较差	263
前五位集中居民点覆盖村域内30%以下房屋建筑区（e）	1		差	80

（3）居民点空间分布结构模式

根据实地调研，高山村"大分散、小聚居"的居民点空间结构形态受微地貌、河流等地理环境以及耕地、道路等生产要素影响，主要有以下几种空间和结构模式：依山而建模式、带状布局模式和零星分散模式（图4-24）。

依山而建模式的村主要位于山区台地上的山地陡坡区域，建筑沿等高线横向布置和纵向布置，居民点聚落区内户数从几户到几十户不等。同一区域范围内，大部分居民点聚落区之间距离小于1000m（图4-25）。

零星分散模式主要位于山间缓坡、山地台地等平缓的区域，农田围绕着村内居住建筑，居住建筑无规律的分散分布在耕地之中，一定区域范围内，各居民点建筑距离主要在50~300m之间（图4-26）。

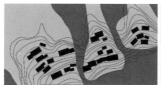  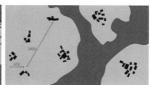

依山而建模式　　　　　　带状结构模式　　　　　　零星分散模式

图4-24　居民点现在分布模式图

 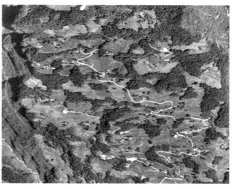

图4-25　依山而建模式：武隆县赵家乡新华村　　图4-26　零星分散模式：巫溪县尖山镇八佳村

图4-27 带状布局模式：巫溪县尖山镇太平村

带状布局模式主要是村内建筑沿着主要交通线路和河流展开，空间聚落沿道路和河流蜿蜒伸展（图4-27）。

每个村分布有多样的地形条件和自然环境，各村均存在几种居民点空间和结构模式共存的现象。

4.2.4 配套设施评价

配套设施条件或设施服务能力可以从两个方面进行阐释，一方面是服务的可获取性，另一方面是服务水平的高低。

本研究首先在问卷调查的基础上对高山村供电、能源等基础设施以及教育、医疗卫生等公共服务设施配置情况进行统计分析。然后，以地理空间信息资料为数据源，从村域自身配套设施角度，选择供水设施和交通条件进行空间化定量评价，采用的指标包括自来水供应情况、现状规模以上集中式农村供水设施可利用程度、道路密度、居民点与道路临近关系、距离乡镇场时间。

根据评价结果，总体上，全市高山村除供电覆盖率较高外，能源、供水、教育、医疗、环卫等配套设施条件总体较差，短板明显。乡镇场周边高山村在配套设施条件方面具有相对优势；多数高山村道路交通在内部布局以及对外联系方面均有待改善，借力乡镇场配套设施的能力较弱。

（1）电力、能源设施

高山村基本实现了供电全覆盖，但供电质量较差，约13%左右的高山村因电线老化等原因存在供电质量不佳、停电较为频繁的情况（图4-28）。

高山村村民能源结构以传统的烧柴、烧煤为主，占77%；仅18%的高山村使用沼气、液化气（罐）作为主要能源；少数供电条件好的村能源以电能为主，占5%。

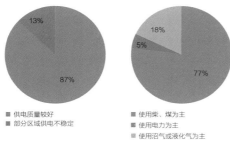

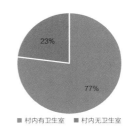

図4-28　高山村电力、能源供应情况统计　　　　　図4-29　高山村卫生室设施分布情况

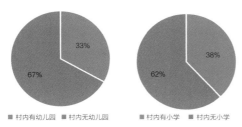

図4-30　高山村幼儿园和小学设施分布情况

（2）教育、医疗设施

高山村公共服务设施存在配套设施不全、设施质量较差的情况。其中教育设施基本空缺，村卫生室硬件设施和软件设施都亟待提高。

大多数高山村内的幼儿园、小学因教师资源缺乏、学生生源较差而停办，适龄儿童主要在附近乡镇就读。仅少数由行政村调整形成的大村还仍有幼儿园和小学设施在使用，如图4-30。

大部分高山村修建有卫生室，无卫生室的高山村主要分布在乡镇附近，就近利用场镇设施。有卫生室的村中，部分村仅有"赤脚医生"，无相关执照，医疗服务质量没有保障，村民看大病需要到镇或者区县，如图4-29所示。

（3）环卫设施

高山村环卫配套设施普遍缺失或利用程度低。根据问卷调查，有接近98%的村民污水散排或排入牲畜粪池内，没有污水处理设施；50%左右的村民住宅周边没有垃圾收集设施，68%左右的村民垃圾处理主要靠填埋和焚烧。

（4）供水设施

1）自来水供应情况

是否有自来水供应是表征高山村用水安全以及生活条件改善情况的重要数据。在重庆市村镇调查数据填报以及实际调查的基础上，选择村域自来水供应户数作为评价数据源，计算自来水供应率。

根据评价结果，全市高山村自来水供应率普遍偏低，乡镇场周边区域相对较好。自来水供应率10%以下的有355个村，比重较高；50%以上的仅103个，以城口分布数量最多。总体上，自来水供应率较高的村空间分布与乡镇场的分布呈较强的空间正相关特征，尤其是在渝东北区域，表明高山村基础设施条件的优劣一定程度上受到乡镇场的影响（表4-17，图4-31）。

高山村自来水供应情况综合评价表　　　　　　　　　表4-17

评价指标	计算方式	分级	评分	等级	涉及高山村数量
自来水供应率	自来水供应户数/户籍人口家庭户数	无数据	—	—	10
		10%以下	1	差	355
		10%~30%	3	较差	70
		30%~50%	5	一般	57
		50%~80%	7	较好	66
		80%以上	9	好	37

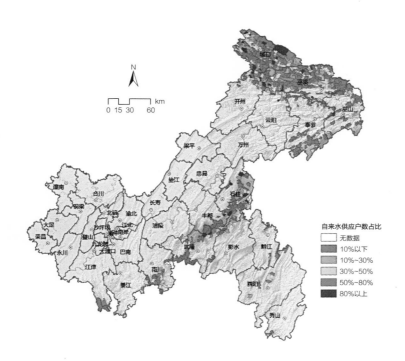

图4-31　自来水供应户数占比

2）现状供水工程可利用程度

集中式供水工程在供应范围，供应能力，水质安全方面保障性较强。因此，本研究设定，能够借助现状供水工程的高山村具有较好的供水配套设施条件。以水利普查获取的2011年重庆市规模以上集中式供水工程空间点位数据（含海拔高度信息）以及DEM数据为支撑，考虑供水成本，以重力输水方式和小扬程加压水泵供水方式为最优，规定高于现有供水工程100m或低于现有供水工程的就近区域作为最优供水覆盖范围，结合DEM高程数据进行识别。

根据评价，全市高山村受现状规模限制，集中式农村供水工程覆盖情况较差。村域覆盖率50%以上的仅44个村，呈现村域面积较小、分布于乡镇场周边、微地形总体较为地形单一的特征。村域覆盖率低于10%的村有362个，占比超过60%，通常村域面积较大或远离乡镇场（表4-18，图4-32）。

现状规模以上集中式农村供水工程最优供应范围覆盖高山村
情况评价表　　　　　　　　　　　　　　　表4-18

分级	评分	等级	涉及高山村数量
10%以下	1	差	362
10%~30%	3	较差	137
30%~50%	5	一般	52
50%~70%	7	较好	25
70%以上	9	好	19

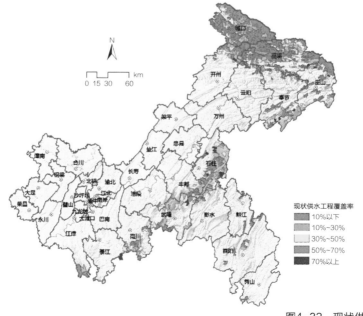

图4-32　现状供水工程覆盖率

（5）交通条件

在不考虑村域内未来可能的配套设施规划的前提下，高山村设施服务能力主要依托道路交通实现与设施服务提供地尤其是乡镇场的联系。通常乡镇场具有相对完善的商业、医疗、环卫等配套设施条件，临近场镇的高山村往往能够就近借助已有设施满足自身服务需求。

1）道路密度

村域道路密度反映了村域内交通网络的整体通达程度以及居民点对外交通的便捷程度。

全市高山村道路密度整体偏低，并存在明显的地域差异。根据评价结果，463个高山村道路密度低于全市水平（1800m/km²），以大巴山区域分布最为聚集，该区域在一系列复背斜褶皱山系影响下，交通通道多呈西北—东南走向沿山谷横向布局，纵向交通联系差，网络化程度低。全市仅132个高山村道路密度在全市水平以上，主要分布于大巴山以南巫溪县以及巫山—七曜山区域。该类高山村部分外廓线几何形状长短轴比值大，且长轴方向与交通线走向较为一致；另有部分村是由于地形崎岖，交通不便，但盘山公路比重高，提高了道路密度。针对此类情况，仅从道路密度角度无法全面反映其交通条件，因此本研究进一步对高山村与乡镇场交通距离进行了评价（表4-19，图4-33）。

高山村道路密度综合评价表			表4-19
分类区间	得分	等级	涉及高山村数量
500m/km²以下	1	差	78
500～1000m/km²	3	较差	141
1000～1500m/km²	5	一般	160
1500～1800m/km²	7	较好	84
1800m/km²以上	9	好	132

2）居民点与道路临近关系

村域内居民点与道路的空间临近关系能够进一步反映居民点的道路可通达情况。本研究借助地理国情普查获取的乡村道路、公路作为道路交通数据源（地理国情普查采集的道路要素宽度在3m以上），计算100m道路交通缓冲区，并统计缓冲区范围内房屋建筑面积占村域内房屋建筑总面积的比重。

全市大多数高山村仍有相当比例的居民点与道路临近关系较差，道路"户

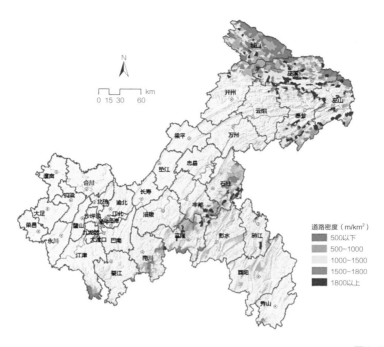

图4-33　道路密度

户通"尚有较大差距。根据评价结果，道路100m缓冲区内居民点面积占比大多介于70%～80%之间，该区间高山村数量占全市高山村总量的33.84%。但是覆盖90%居民点的高山村数量仅8个，该类村面积均较小；仍有136个村道路100m缓冲区内居民点面积占比低于60%，即村域内近40%以上的居民点无法实现"公路到户"（表4-20，图4-34）。

道路100m缓冲区内居民点面积占比评价表　　　表4-20

分类区间	得分	等级	涉及高山村数量
60%以下	1	差	136
60%～70%	3	较差	140
70%～80%	5	一般	201
80%～90%	7	较好	109
90%以上	9	好	8

3）与乡镇场交通联系情况

为更好地反映高山村就近借助乡镇场相对完善的配套设施满足自身服务需求的状况，本研究计算了高山村与乡镇场的交通距离，并进行了分类评价。

首先，构建交通网络数据集。基于重庆市地理国情普查公路、乡村道路数

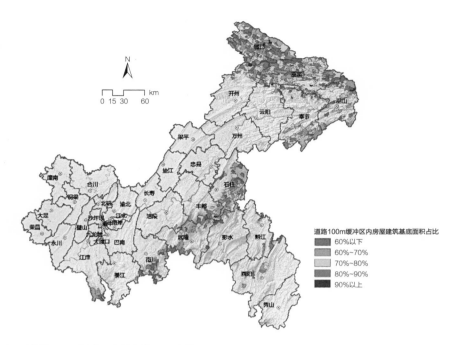

图4-34   道路100m缓冲区内居民点面积占比

据，通过设置一级公路、二级公路、三级公路、四级公路以及乡村路、农村硬化道路、机耕道等道路不同的通达速度（表4-21）、连通特征，构建交通网络数据集。然后，采用ArcGIS网络分析模型，以高山村村驻地为出发地节点，以乡镇街驻地为目的地节点，计算村与最近乡镇街的交通时间距离。

不同等级道路通行速度设定   表4-21

地理国情普查道路类型		车行速度（km/h）	地理国情普查道路类型		车行速度（km/h）
公路	一级公路	80	乡村道路	乡村路	20
	二级公路	60		农村硬化道路	15
	三级公路	40		机耕道	15
	四级公路	30			
	等外公路	20			

全市高山村与乡镇场交通时间普遍较长，大巴山区域相对较优。根据评价结果，全市高山村距离乡镇场的交通时间在10min以内的村仅167个，428个高山村距离乡镇场的交通时间在10min以上，其中30min以上的村数量仍有131个，与乡镇场交通联系条件差，"最后一公里"出行瓶颈明显。整体上，高山村与临近乡

镇场通勤时间长于中西部丘陵台地区域，与乡镇场相同直线距离下，受地形起伏影响，高山村通达道路交通距离普遍较长；且多数村内仅有部分硬化道路，仍以机耕道、石子路为主。空间分布上，城口、开州大巴山区域高山村距离乡镇场的交通时间相对较短，主要是大巴山复背斜褶皱地形下，高山村与邻近乡镇场连通的道路主要沿向斜谷地呈西北-东南向布局，盘山公路比重相对较小（表4-22，图4-35）。

高山村与最近乡镇场交通时间距离评价表　　　　表4-22

分类区间	得分	等级	涉及高山村数量
10min以内	9	好	167
10~20min	7	较好	176
20~30min	5	一般	121
30~50min	3	较差	92
50min以上	1	差	39

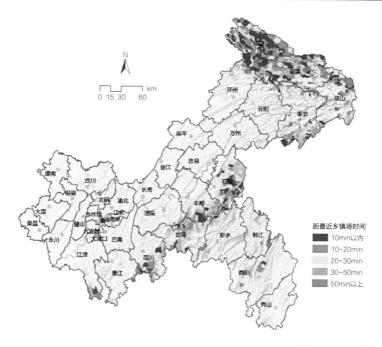

图4-35　距离最近乡镇场时间

　　综合分析可以得出，重庆市多数高山村对外联系道路交通现状有待改善，边远区域的村仍存在"最后一公里"的问题；除少量的村外，多数高山村内部交通组织欠佳，尤其是居民点分布较为分散的村落居民出行难度仍较大；与此同时，高山村借力乡镇场配套设施的能力较弱。

4.2.5　地域空间限制因素评价

（1）生态修复保护区限制

　　高山村多分布于生态环境敏感区、生态服务功能重要区以及自然保护区等生态修复区，是全市重要的生态屏障。《重庆市人民政府关于加快推进高山生态扶贫搬迁工作的意见》将"是否位于生态修复保护区"作为高山村搬迁的重要判别依据。本研究选择市级以上自然保护区、市级以上森林公园、市级以上风景名胜区、国家级地质公园、市级以上湿地公园、世界自然遗产、水源保护区作为生态修复区，对高山村各村域及其居民点受覆盖情况进行统计。

　　全市高山村地域空间受到生态修复保护区限制的数量较多，应当根据限制情况对高山村提出分类规划对策。根据评价结果，村域面积50%以上位于生态修复保护区的村即有128个，占高山村总量的22%；从村民居住建筑空间分布角度评估，村域内房屋建筑面积50%以上位于生态修复保护区的村有97个。生态修复保护区覆盖村域面积、覆盖房屋建筑面积比重均较高的村经济社会活动会对生态保护存在负面影响，受到生态管制政策限制，应作为生态搬迁优先考虑对象。

　　从资源开发条件角度考虑，除自然保护区、水源保护区外，其他类型的生态修复保护区多属旅游资源，能够为邻接的高山村生态旅游产业的发展提供一定的地域优势条件（表4-23，图4-36，图4-37）。因此针对生态修复保护区覆盖面积较小，尤其是村域内房屋建筑能够对生态修复区有效避让的高山村，应当将生态旅游产业作为其发展规划对策之一。

生态修复保护区覆盖高山村情况评价表　　　　　　　　表4-23

生态修复保护区类型	覆盖程度	涉及高山村数量
市级以上自然保护区、森林公园、风景名胜区、湿地公园、水源保护区，国家级地质公园	覆盖10%以下村域面积	405
	覆盖10%~30%村域面积	32
	覆盖30%~50%村域面积	30
	覆盖50%~80%村域面积	39
	覆盖80%以上村域面积	89
	覆盖10%以下房屋建筑面积	444
	覆盖10%~30%房屋建筑面积	32
	覆盖30%~50%房屋建筑面积	22
	覆盖50%~80%房屋建筑面积	19
	覆盖80%以上房屋建筑面积	78

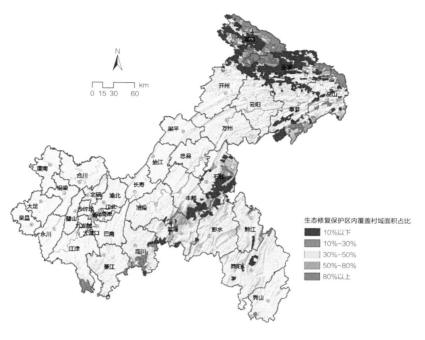

图4-36　生态修复保护区覆盖村域面积占比

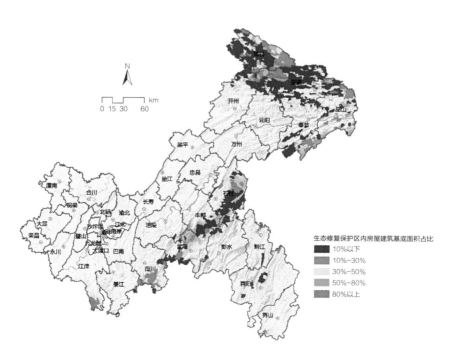

图4-37　生态修复保护区覆盖房屋建筑基底面积占比

（2）自然地理条件限制

根据水土保持相关标准，25°以上属于陡坡地，易发生水土流失，需要实行农业生产退出机制，限制坡地耕作。因此，本研究选择25°以上坡度区面积占比作为高山村自然地理条件限制评价指标。

全市高山村受坡度限制总体较大，大巴山区域尤为突出。根据评价，全市高山村25°以上坡度区面积占比达到80%~90%、90%以上的高山村分别有166个、96个，集中分布于城口以及开州、巫溪北部的大巴山区域。大巴山以南区域以及巫山—七曜山区域、金佛山区域以及渝东南武陵山区的高山村受坡度限制较小，多数村25°以上坡度面积占比低于70%，尤其是南川、武隆区域（表4-24，图4-38）。

高山村自然地理条件限制评价表　　　　　　　表4-24

评价指标	覆盖程度	涉及高山村数量
25°以上坡度面积占比	60%以下	86
	60%~70%	118
	70%~80%	129
	80%~90%	166
	90%以上	96

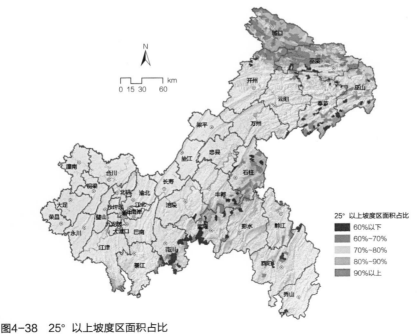

图4-38　25°以上坡度区面积占比

（3）石漠化程度限制

重庆市高山村分布区域多属西南岩溶区，与喀斯特地貌区重合度较高，部分地区存在石漠化或有潜在石漠化风险，石漠化严重区域还需要限制农业生产，实施退耕还林还草工程。因此，本研究将石漠化程度作为高山村发展的限制因素进行定量评价。

多数高山村不同程度地存在石漠化土地，大巴山南部石漠化较为严重。根据评价，无石漠化的高山村仅64个，以石柱、丰都、彭水片区分布最为集中；其次是城口西北部、奉节北部以及江津区。大巴山南部的开州、云阳、奉节、巫溪交界区域一线是石漠化较为严重的区域，高山村石漠化土地面积占比普遍达到30%以上（表4-25，图4-39）。

评价指标	覆盖程度	涉及高山村数量
	无覆盖	64
	10%以下	201
石漠化区域面积占比	10%~30%	131
	30%~50%	78
	50%~80%	90
	80%以上	31

高山村石漠化程度限制评价表　　　　表4-25

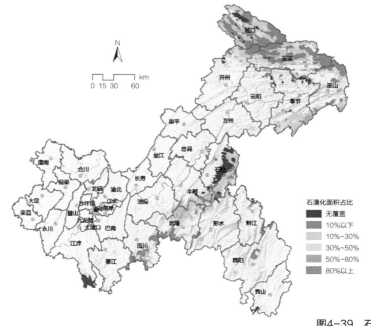

图4-39　石漠化面积占比

4.2.6   地灾风险性因素评价

本研究结合全市1：50万地灾点分布数据和地灾易发程度分区进行高山村地
质灾害风险性评价，该数据来源于重庆市人民政府应急管理办公室。

总体上，在1：50万比例尺上，全市高山村地灾密度小，地灾高易发区覆盖
程度低。根据评价结果，全市高山村地灾点密度均在1个/km²以下，地灾点密度
最大的村仅为0.8个/km²，338个村无地灾点分布。高山村范围内涉及的地灾高易
发区包括：（1）新枞-城口地质灾害高易发区，主要涉及城口西北部的27个高山
村；（2）白鹿-巫溪地质灾害高易发区，主要涉及巫溪中东部区域的10个高山村；
（3）长江干流重庆段地质灾害高易发区，主要涉及奉节、巫溪范围内的4个高山
村；（4）乌江流域涪陵至彭水段地质灾害高易发区，主要涉及武隆、涪陵范围内
的4个高山村。整体上，全市高山村受地灾高易发区覆盖程度低，仅16个村覆盖
面积超过50%。

地灾高易发区反映了区域地质灾害的易发程度，处于地灾高易发区范围
内的高山村应做好地灾监测防治工作；针对局部风险性较大的地灾点应做好
避让，实施附近居民搬迁，有条件的开展社会生产活动（表4-26，图4-40，
图4-41）。

高山村地灾点密度综合评价表　　　　　　　表4-26

评价指标	分级	涉及高山村数量
地灾点密度	0	338
	0～0.1个/km²	133
	0.1～0.5个/km²	117
	0.5～0.8个/km²	7
地灾高易发区覆盖率	0	550
	50%以下	29
	50%以上	16

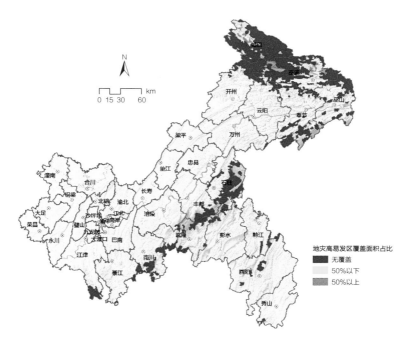

图4-40 地灾高易发区覆盖面积占比

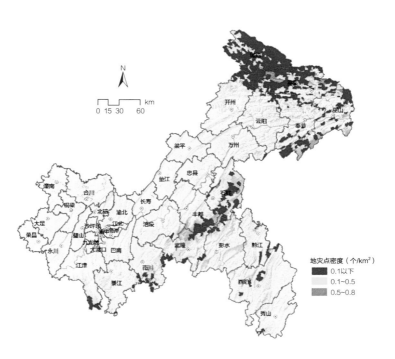

图4-41 地灾点密度

4.3 重庆高山村综合分类

根据前文高山村现状分析可知，全市高山村整体呈现资源禀赋条件差异大、经济发展水平不均衡、设施建设不同步、部分高山村生态修复保护区限制数量多等特征。针对全市高山村以上特征，为提出差异化和有针对性的规划对策和发展建议，有效指导高山村的发展，本研究在参考相关文件资料的基础上，进一步将重庆市高山村细分为搬迁型和保留型两大类，并针对不同类型的高山村提出分类规划对策。

4.3.1 搬迁型高山村识别

高山生态扶贫搬迁已连续多年进入重庆市委、市政府的决策视野。2013年下发《关于加快推进高山生态扶贫搬迁工作的意见》，明确高山生态扶贫搬迁的对象：（1）居住在深山峡谷、高寒边远地区，生产生活极为不便，生存环境十分恶劣的；（2）居住地属重要生态修复保护区，根据规划必须搬迁的；（3）居住地的水、电、路、通信等基础条件难以完善，建设投资大且效益不好的。

本研究在对上述文件解读的基础上，结合高山村现状特征分析结果，尝试建立搬迁型高山村分类标准（表4-27），对应当实施生态搬迁的高山村进行识别（分要素识别结果见图4-42），剩余的即为保留型高山村。

另外，政府扶持、市场介入的乡村旅游扶贫发展模式能够在较短时间内改善高山村基础设施条件以及人居环境，实现农村居民脱贫。因此，本研究在搬迁村识别的基础上，将全国三批特色景观旅游名村名录、重庆市两批特色景观旅游名村名录内的村均作为保留村，对分类结果进行修正，涉及江津区四面山镇洪洞村、城口县东安镇兴田村。以上两个村虽然全部位于生态修复保护区内，但乡村旅游产业发展基础好，知名度高，适宜作为有条件保留发展村。

根据识别结果，重庆市适宜生态搬迁的高山村数量总计217个，占高山村总量的36.47%，其中，城口、巫溪、巫山、开州、南川、秀山、江津搬迁型高山村数量超过本区县高山村数量的40%。丰都、涪陵、万州无搬迁型高山村（表4-28，图4-43）。

搬迁型高山村识别标准　　　　　　　　　　　　　　　表4-27

分类	指标构成	具体指标	涉及高山村数量	搬迁依据
搬迁村	自然地理	25°以上区域面积超过90%或25°以下区域人均面积不足821m²（全市人均耕地面积1.23亩）	101	峡谷、边远、生产生活极为不便
		面状水体面积小于100m²、线状沟渠密度小于100m²/km²的岩溶区	11	生产生活极为不便
	生态环境	生态修复保护区覆盖居民点面积超过90%或生态修复保护区覆盖面积占比超过95%	81	属重要生态修复保护区
		石漠化面积占比超过90%或耕地90%以上位于石漠化区域	2	生产环境较为恶劣
	经济社会	距离最近的乡镇场1h以上	16	边远、生产生活极为不便
		基建成本较大的地区（无供水覆盖且相对集中分布的居民点不足30%）	58	水、电、气、路、通信等基础条件难以完善，建设投资大且效益不好
	灾难灾害	地灾隐患点密度1个/km²，且全部位于地灾高易发区	0	地灾严重，生存环境十分恶劣

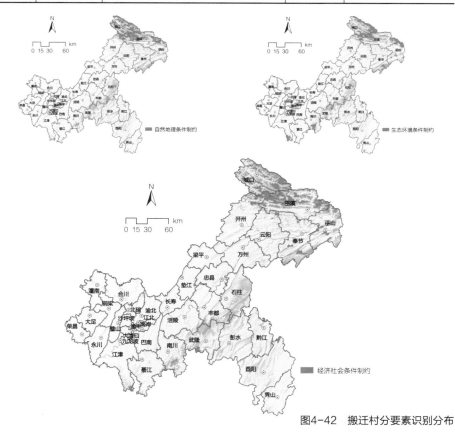

图4-42　搬迁村分要素识别分布

搬迁型及保留型高山村分类数量统计　　表4-28

分区	区县名称	高山村数量	搬迁型高山村		保留型高山村	
			数量（个）	占比（%）	数量（个）	占比（%）
渝东北片区	城口县	148	68	45.95	80	54.05
	巫溪县	134	64	47.76	70	52.24
	奉节县	72	17	23.61	55	76.39
	巫山县	54	25	46.30	29	53.70
	开州区	33	15	45.45	18	54.55
	万州区	1	0	0	1	100
	丰都县	14	0	0	14	100
	云阳县	12	3	25.00	9	75.00
渝东南片区	石柱县	56	5	8.93	51	91.07
	武隆区	26	4	15.38	22	84.62
	彭水县	7	1	14.29	6	85.71
	酉阳县	6	1	16.67	5	83.33
	黔江区	5	1	20.00	4	80.00
	秀山县	2	1	50.00	1	50.00
渝西片区	綦江区	4	1	25.00	3	75.00
	江津区	3	2	66.67	1	33.33
	涪陵区	2	0	0	2	100
	南川区	16	9	56.25	7	43.75
合计		595	217	36.47	378	63.53

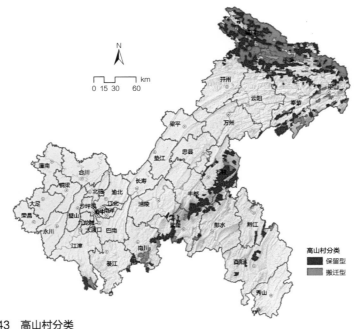

图4-43　高山村分类

4.3.2　基于资源本底的保留型高山村分类

结合4.2节中对重庆市高山村资源禀赋条件评价结果，对378个保留村进一步分类，为各村规划发展对策研究提供一定的参考。

从事第一产业，从农业劳作中获取最基本的生活资料是构成农村传统生产活动的基础，土地资源（尤其是耕地）作为农业基本生产资料，维系着农村人口聚落存在及延续，高山村具有一定的人均耕地资源优势，因此几乎所有高山村均具有开展农业生产活动的基本条件，但是耕地资源质量相对较差，不适宜规模化种植。高山村自然景观类旅游资源丰度相对较高，且质量较好。近年来乡村旅游业的发展为高山村提供了新的发展路径，旅游扶贫是政府精准扶贫的重要手段之一，旅游资源丰富的村具有借力政府政策、资金支持的先天优势；另外高山村普遍具有较好的避暑气候资源，生态环境良好，在开发本地气候资源过程中具有一定优势。

本研究结合旅游资源、生态环境条件、土地资源条件评价结果，以因地制宜开展经济活动、优先发展乡村旅游产业为原则，对378个保留型高山村适宜的发展模型进行分类，包括乡村旅游主导型高山村、生态农业主导型高山村，以更好地辅助高山村规划发展策略的提出。

具体分类过程中，将旅游资源条件评价结果达"一般"以上且生态环境评价结果为"好"或"较好"、历史文化资源评价结果达到"好"且生态环境评价结果为"好"或"较好"、生态环境评价结果达到"好"的高山村作为乡村旅游主导型高山村，其他的即为生态农业主导型高山村。

根据分类结果，保留型高山村中有乡村旅游主导型高山村数量为85个，占比为22.49%；生态农业主导型高山村数量为293个，占比为77.51%。乡村旅游主导型高山村以城口分布数量最多，其次是巫溪和石柱。乡村旅游主导型高山村占比以万州、江津最高，均为100%，綦江、涪陵、城口也在40%以上，丰都、秀山域内均为生态农业主导型高山村。高山村在各区县中的具体分布情况详见表4-29，图4-44。

保留型高山村分类统计　　　　　　表4-29

分区	区县名称	生态农业主导型高山村		乡村旅游主导型高山村	
		数量（个）	占比（%）	数量（个）	占比（%）
渝东北片区	城口县	43	53.75	37	46.25
	奉节县	52	94.55	3	5.45
	巫山县	23	79.31	6	20.69

续表

分区	区县名称	生态农业主导型高山村		乡村旅游主导型高山村	
		数量（个）	占比（%）	数量（个）	占比（%）
渝东北片区	巫溪县	59	84.29	11	15.71
	开州区	14	77.78	4	22.22
	丰都县	14	100	0	0
	云阳县	7	77.78	2	22.22
	万州区	0	0	1	100
渝东南片区	石柱县	40	78.43	11	21.57
	武隆区	20	90.91	2	9.09
	彭水县	5	83.33	1	16.67
	黔江区	3	75.00	1	25.00
	秀山县	1	100	0	0
	酉阳县	4	80.00	1	20.00
渝西片区	南川区	6	85.71	1	14.29
	綦江区	1	33.33	2	66.67
	涪陵区	1	50.00	1	50.00
	江津区	0	0	1	100
总计		293	77.51	85	22.49

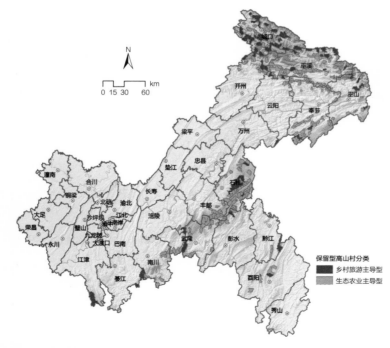

图4-44 保留型高山村发展模式分类

4.4　本章小结

本章具体从资源条件、经济发展、配套设施、人口集中居住情况、地域空间限制因素、风险性因素六方面，对高山村现状特征进行了统计分析与量化评价，并进行了综合分类。

资源禀赋方面。全市高山村具有一定的人均耕地资源优势，总体上高山村相对较低的人口密度与耕地具有较好的数量平衡关系。但是，高山村耕地质量总体较差，传统农业转型发展面临一定压力；全市高山村水资源条件总体欠佳，水资源利用难度较大；高山村周边旅游资源尤其是自然景观类旅游资源丰度相对较高，且质量较好，约三分之一左右的高山村与旅游资源邻接关系达到"较好"水平以上，多数区县具备旅游资源梯度开发的条件；高山村普遍具有较好的避暑气候资源，生态环境良好，在开发本地气候资源过程中具有一定优势；高山村历史文化资源禀赋整体较差，具有明显历史文化资源优势的村落数量少。

经济发展方面。高山村经济发展处于较低水平，且差异较大，仍有较多的高山村人均经济产值处于贫困线以下，整体脱贫压力较大，但城口、巫溪、开州交界区域以及七曜山区域经济发展基础相对较好；高山村产业仍以农业为主，烟草、药材等高山特色化种植已成为高山村村民主要收入来源之一；高山村旅游产业发展处于初始阶段，但效果开始显现；外出打工是高山村村民重要的收入来源，但劳动力流失不利于高山村产业的发展。

人口集中居住方面。重庆市高山村居民点呈现"大分散、小聚居"的分布特点，整体分散居住特征较明显，受交通线走向、河流走向、地形平坦程度以及耕地集中分布程度影响，聚居只在小规模、小范围内出现。

配套设施方面。总体上，除供电覆盖率较高外，全市高山村供水、能源、教育、医疗、环卫等配套设施条件总体较差，短板明显，但乡镇场周边高山村在配套设施条件方面具有相对优势；多数高山村道路交通在内部布局以及对外联系方面均有待改善，借力乡镇场配套设施的能力较弱。

地域空间限制以及地灾风险方面。全市高山村总体受各类空间限制较少，仅在城口、巫溪、开州交界区域以及巫山北部限制相对较为明显，七曜山区域、武隆南部山区高山村整体受各类空间限制少；全市高山村受地灾高易发区覆盖程度低，地灾点密度总体偏小。

在高山村发展条件量化评价的基础上。结合相关政策文件解读，构建了搬迁型高山村识别标准，对高山村进行了分类。根据分类结果，重庆市共包括搬迁型高山村217个，保留型高山村378个。结合资源本底条件进一步对保留型高山村发展模式进行分类，其中乡村旅游主导型高山村数量为85个，生态农业主导型高山村数量为293个，分类结果能够为各村规划发展对策研究提供一定的参考。

第 5 章

重庆高山村规划
对策与案例

5.1　搬迁型高山村安置对策

根据高山村综合分类分析，搬迁型高山村主要是水土资源禀赋条件较差、对外联系不便捷、基础设施改善难度较大、地质灾害隐患点密集以及大部分区域位于全市重要管制区内的高山村。结合问卷调查内容，搬迁型高山村人口流出现象严重，收入两极

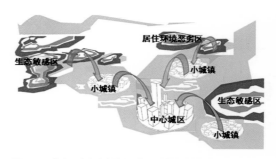

图5-1　搬迁型高山村村民搬迁策略示意图

化、国家"较低"级别扶贫标准以下收入人口多、供水设施建设滞后、自然灾害相对频繁、村民居住以散居为主。搬迁型高山村现有资源和环境已经不能"一方水土养一方人"，且生态环境较为脆弱敏感，因此规划采取搬迁的规划对策，可将人口从生态环境恶劣地区转移至环境较为适宜、交通较为便利地区进行安置和配置公共资源等，一方面可以减人减畜，减轻生态环境的承载压力，对促进经济社会的可持续发展有积极意义；另一方面也有利于改善移民的生存和发展的环境，是提高农民发展能力的重要途径（图5-1）。

5.1.1　搬迁型高山村搬迁方式

搬迁型高山村搬迁方式包括整村搬迁和分散搬迁两类。搬迁方式的选择在尊重村民意愿的基础上，需要综合考虑搬迁村所处的地理环境、资源条件、自然灾害情况和发展基础。针对生存环境差，地质灾害严重的搬迁型高山村，即25°以上区域超过村域面积95%的村、生态修复保护区覆盖居民点面积超过95%或生态修复保护区覆盖面积占比超过100%、村域面积全部位于地质灾害高易发区的村，建议采取整村分阶段逐步搬迁方式，其他搬迁型高山村建议村内局部区域实施搬迁。

5.1.2　搬迁型高山村安置方式

搬迁型高山村安置方式主要有集中安置和分散安置两类。

集中安置主要有村内就近安置、新建安置点安置、城镇安置和乡村旅游区安置等方式。村内就近安置是指将需要搬迁的村民就近安置到村内交通、配套设施条件较好的区域。新建安置点安置是指依托新开垦或调整使用耕地，在乡场、中

心村等条件较好的区域规划建设移民新村集中安置。城镇安置是指依托城镇化建设，在搬迁型高山村周边乡镇或区县城建设集中安置区。乡村旅游区安置是指依托当地旅游、民俗文化等特色资源，因地制宜打造形成旅游重点村或旅游景点，引导需要搬迁的村民适度集中安置。

分散安置一般有插花安置和自主安置等方式。插花安置是指依托现有且未全部使用的安置区、现有空置的公共设施建筑安置需要搬迁的村民。自主安置是指村民通过自己途径，如进城务工、投靠亲戚等途径实现搬迁目的。

5.1.3 搬迁型高山村集中安置区选择

搬迁型高山村的搬迁是为实现生态保护和提高村民生活水平的有效途径，是实现城镇化的重要途径。安置区的选择要避免自然灾害和管制要素，用地需统筹布局、集约用地，同时便于村民生活、生产，有利于村民迁入后的就业和生产。

基于以上原则，搬迁型高山村集中安置区的选择需符合以下条件：

集中安置区符合迁入地土地利用总体规划、城乡土地利用规划等要求，严禁占用基本农田和永久性基本农田，原则上利用规划城乡建设用地。

集中安置区需避开地质灾害隐患点和严禁开发建设的管制区，地势应相对平坦，且开发建设在自然环境承载能力范围内。

集中安置区需配套有便利的交通设施和完善的公共服务设施、公用设施。优先考虑具有一定产业基础的中心村、小城镇、产业园区等地区。

乡村旅游区安置主要选择在旅游景点、历史古迹、民俗文化等特色资源优势突出、开发利用潜力较大或具有一定开发基础的地区。

5.1.4 搬迁型高山村安置政策建议

搬迁型高山村的安置过程是一个系统的、具体的、复杂的工程，在实际搬迁安置过程中，主要会面临资金、土地和就业三大问题，针对搬迁型高山村的安置政策主要从以上三个方面提出建议。

资金方面。资金问题是搬迁安置过程中最主要、贯穿整个过程的问题，针对该问题，建议加大安置补助力度和扩宽资金渠道。《重庆市高山生态扶贫搬迁资金管理办法》规定，实际搬迁补助标准为8000元/人，该标准很难平衡村民搬迁安置所需费用，建议提高资金补助标准。现有搬迁安置资金以国家补偿为主要手段，在《重庆市改革创新财政专项扶贫资金管理机制》文件中明确要确保扶贫资金稳定增长，发挥市场在资源配置中的决定性作用，引导工商资金、金融资本、社会资本投入，建议在文件中，具体明确市场资源参与搬迁安置的途径、渠道和要求。除此之外，村级公益事业重点考虑安置区所在地区，如"一事一议"财政奖补政策、三农专项资金政策、"村村通"道路政策和山坪塘整治政策等。

土地方面。土地问题是制约搬迁安置的一大瓶颈，主要存在安置区占用耕地和搬迁地土地资产闲置两大问题。建议土地利用总体规划和城乡土地利用规划从区域层面统筹考虑用地布局，对安置区所需建设用地进行保障。

就业方面。就业问题是搬迁安置必须面临和解决的问题。建议定期定向对搬迁的高山村村民提供就业信息、对村民职业技能免费培训等。

5.2 保留型高山村规划对策

保留型高山村现状特征与高山村类似，产业以传统农业为主，居民点呈现"大分散、小集聚"特征，耕地零散破碎、可集中连片用地少，公服设施和公用设施建设滞后等。针对保留型高山村以上特征，本研究从产业、居民点布局、道路体系、公共服务设施、公用设施和建筑六个方面对保留型高山村提出规划对策。

5.2.1 产业发展指引

（1）产业发展选择

根据上章高山村综合分类结果，本研究基于资源本底将保留型高山村分为生态农业主导型和乡村旅游主导型。农业是高山村地区的基础产业，生态农业主导型高山村占比达77.51%。旅游是高山村地区实现快速发展、优化调整产业结构的重要途径，乡村旅游主导型高山村占比为22.49%，主要分布在石柱、巫溪、城口、江津等区县。

（2）生态农业发展指引

1）生态农业发展途径

大部分保留型高山村是典型的传统农业村，除大宗农作物以外，还种养殖有多种经济农作物，主要包括烟叶、中药材、反季节蔬菜、高山茶叶、浆果等水果、牛羊、冷水鱼等。高山村所在区域大多是生态环境较为敏感区域，保护生态环境是高山村地区农业发展的底线与原则，因此生态农业是该地区农业发展的主要方向。生态农业发展有农业规模化、现代化和特色化三条主要途径。根据上章高山村现状分析，高山村地区耕地破碎度较大、耕地零散破碎、集中连片可用地少，耕地条件限制了高山村规模农业的发展，现代农业和特色农业是高山村地区生态农业发展的主要途径。

2）现代农业发展指引

现代农业发展目标为保障农产品供给、增加农民收入、促进可持续发展，以工程技术、生物技术、信息技术为核心的现代高新技术和现代工业提供产业体系（李国领，2007）。现代农业园区是体现现代农业技术、经营和管理的主要方式，是实现农业现代化发展的重要路径，是提高农产品经济效益的有效方法。现代农业园区包括农业生产、农业科研、农业教学、农业推广以及农业休闲等多方面内容，除传统的种植业和养殖业等第一产业，还延伸包括了农副产品初加工等第二产业，以及交通运输、技术和信息服务、生物科研等第三产业的内容（折小园，2013）。

针对高山村的现状经济作物和特色农产品，建议以种养殖业为基础，发展农副产品初加工业和农业科研，如烟叶烘烤，中药材的初选、切制和干燥，高山蔬菜和反季蔬菜的挑拣分级、冷藏包装，浆果类水果的挑拣包装、腌制加工等；中药材良种繁育试验科研、耐寒农产品繁育试验科研、烟草和反季节蔬菜育种苗、野生菌丝培育等。高山村农副产品初加工产业建议详见表5-1。

高山村农副产品初加工业建议　　　　　　　　　　　　表5-1

农作物大类	农产品种类	农产品名称	农副产品初加工建议
谷物及其他作物	谷物	水稻	通过对稻谷进行清理、脱壳、碾米（或不碾米）、烘干、分级、包装等简单加工处理，制成的成品粮及其初制品
		玉米	通过对玉米籽粒进行清理、浸泡、粉碎、分离、脱水、干燥、分级、包装等简单加工处理，生产的玉米粉、玉米碴、玉米片等；鲜嫩玉米经筛选、脱皮、洗涤、速冻、分级、包装等简单加工处理，生产的鲜食玉米
		糯玉米	
	薯类	土豆	通过对薯类进行清洗、去皮、磋磨、切制、干燥、冷冻、分级、包装等简单加工处理，制成薯类初级制品
		魔芋	
		红薯	
	油料	向日葵	通过对葵花籽等，进行清理、热炒、磨坯、榨油、浸出等简单加工处理，制成的植物毛油和饼粕等副产品。具体包括菜籽油、花生油、豆油、葵花油、蓖麻籽油、芝麻油、胡麻籽油、茶子油、桐子油、棉籽油、红花油、米糠油以及油料饼粕、豆饼、棉籽饼
	烟草	烟草	烟叶烘烤

续表

农作物大类	农产品种类	农产品名称	农副产品初加工建议
蔬菜、园艺作物	蔬菜	竹笋	1）将新鲜蔬菜通过清洗、挑选、切割、预冷、分级、包装等简单加工处理，制成净菜、切割蔬菜。 2）利用冷藏设施，将新鲜蔬菜通过低温贮藏，以备淡季供应的速冻蔬菜。 3）将植物通过干制等简单加工处理，制成的初制干菜
		辣椒	
		大蒜	
		莼菜	
	花卉	牡丹	通过对花卉及植物进行保鲜、储藏、烘干、分级、包装等简单加工处理，制成的各类鲜、干花
水果、坚果、饮料和香料作物	水果、坚果	核桃	通过对新鲜水果清洗、脱壳、切块、分类、储藏保鲜、速冻、干燥、分级、包装等简单加工处理，制成的各类水果、果干、原浆果汁、果仁、坚果
		板栗	
		松子	
	茶	茶叶	通过对茶树上采摘下来的鲜叶和嫩芽进行杀青揉捻、发酵、烘干、分级、包装等简单加工处理
中药材	中药材		通过对各种药用植物进行挑选、整理、捆扎、清洗、晾晒、切碎、蒸煮、炒制等简单加工处理，制成的片、丝、块、段等中药材
畜牧业	其他畜牧业	蜂蜜	通过去杂、过滤、浓缩、熔化、磨碎、冷冻简单加工处理，制成的蜂蜜、蜂蜡、蜂胶、蜂花粉
		兔	通过对畜禽类动物宰杀、去头、去蹄、去皮、去内脏、分割、切块或切片、冷藏或冷冻、分级、包装等简单加工处理，制成的分割肉、保鲜肉、冷藏肉、冷冻肉、绞肉、肉块、肉片、肉丁
	牲畜业	牛	

　　农业现代化，需要技术和资金作为支撑，在生产力相对落后、经济基础较差的高山村地区，政府应给予大力支持，利用财政资金和专项基金在适合发展农业的高山村中建设现代农业园区，对园区进行统一规划布局。另一方面，扩宽高山村地区资本的引进提供渠道（如降低回乡创业青年资金贷款门槛），积极招商引资，引进农产品大户和企业。最后规划定期对村民种植技术进行培训，提高村民的农业种植技术水平。

　　3）特色农业发展指引

　　农业特色化，是高山村地区农业本身所具有独特属性。高山村区域由于高海拔、气温较低、光照强、生态环境污染小，农产品具体其他地区所没有的独特品质。规划保留型高山村依托农业发展现状、自身气候条件，通过打造农产品品牌体现农产的特色，实现农业的高效益。如大巴山、巫山区域可以重点发展橘、生态渔业、高山茶叶、中药材、核桃等现代特色效益农业产业链；七曜山、武陵山区域各村依托现有农业基础，发展烟草、中药材、菌类、冷水鱼、高山山羊、牛、高山蔬菜等山地特色农业产品。

（3）乡村旅游发展指引

1）乡村旅游发展途径

乡村旅游是以旅游度假为宗旨，以乡村村落和野外等为空间，以人文无干扰、生态无破坏、游居为特色的旅游形式（张晓亮，2015）。旅游的目的地在乡村、以乡村性为旅游吸引物是乡村旅游概念中包含的缺一不可的两个重要元素。世界经济合作与发展委（OCED，1994）将乡村旅游定义为：在乡村开展的旅游，田园风味是乡村旅游的中心和独特的卖点。高山村具有较为丰富的自然景观资源和民俗文化资源，在乡村旅游方面具有得天独厚的优势。

农业观光旅游是把农业与旅游业结合在一起，将与城市景观和形态具有反差的农业景观和农村生活方式作为旅游产品，提供给游客观光、体验。借助生态农业的发展和高山村地区特有的高山山地景观，农业观光旅游是乡村旅游主导型高山村重要的发展途径。

避暑休闲旅游是乡村旅游与避暑旅游的结合体，是指游客在每年夏季（即6～8月）到乡村地区，不仅利用乡村的气候资源消暑纳凉、度假休闲、健身疗养，而且以特有的乡村人居环境、乡村民俗（民族）文化、乡村田园风光、农业生产机自然环境为基础的旅游活动，即以具有乡村性的自然和人文课题为旅游吸引物的旅游活动（何景明，2002）。高山村全部位于重庆四大主要山系内，海拔较高，地形特征明显，垂直气候差异明显，夏季气候凉爽，是避暑旅游的理想区域，也是高山村相比其他村落具有的独特资源优势。

民俗文化体验旅游是指人们离开惯性常住地，到异地去以体验当地民俗的文化旅游行程，陆景川认为民俗文化旅游是一种高层次的文化旅游，它欣赏的对象为人文景观，而非自然景观（覃物，2015）。巴兆祥提出民俗文化旅游是指旅游者被异域或异族独具个性的民俗文化所吸引，以一定的目的离开自己的居所前往旅游地进行民俗文化消费的一个动态过程的复合体（覃物，2015）。高山村内分布有大量的少数民族聚集区，如奉节先兴隆镇六娅村卡麂坪自然村（卡麂坪自然村形成于270年前清代乾隆年间，有唐、粟、雷、廖和付五个姓氏，从湖南移民来此犁田打坝，繁衍生息，延续至今），由于交通、经济等原因，外界对其地域文化和民族文化的影响较小，保存了其原生态的地域文化和民族文化，形成了千姿百态、风格迥异的民俗风情，这些保存下来的文化是高山村吸引游客观光、体验、研究的重要资源。

图5-2   卡鹿坪物质文化-夯土传统民居

图5-3   卡鹿坪非物质文化-民俗文化及传统技艺

2）乡村旅游发展指引

随着收入的增加，人们对户外活动的需求也在增加；人们对增加家庭活动的需求不断加强（Randall J L et al, 2005）。农业观光旅游产业已有100多年的发展历史，在欧美、日本等一些发达国家，休闲农业与旅游结合在一起的农业观光旅游已具有相当规模，如2000年，有近30%的美国人曾去农场旅行（Barry J J, 2004），已经实践出具有成果的发展模式。美国的农业观光旅游包括农业旅游、民俗旅游、森林旅游、牧场旅游、水乡旅游、渔村旅游等，其中观光农场、农场度假和家庭旅游是主要类型（张晓亮，2015）。日本农业观光旅游发展在亚洲走在前列，主要类型有市民农园、农业公园、观光农园、乡村休养、交流体验等，主要的活动有乡村度假、农业观光、参观学习、品尝购物等（张晓亮，2015）。

随着全球气候变暖，夏季的凉爽变成了一种稀缺资源，同时人民生活水平的提高，孕育了避暑气候产品的巨大市场。日本轻井泽和肯尼亚内罗毕是全球著名的高山避暑胜地，北欧国家、俄罗斯均有一定规模的避暑旅游产业，贵州云贵高原地区和哈尔滨是国内避暑旅游发展较好的区域。日本轻井泽夏季气候凉爽，为发展避暑度假产业，制订了严格的城市规划用以保护具有特色和稀有的自然风光，为满足游客一年四季的旅游需求，配套有完善的运动设施，如高尔夫球场、网球场、野营基地等（刘园园，2010）。同时，轻井泽在夏季每月都会举办不同的节日活动，丰富避暑度假的内容，如每年6月的杜鹃花节，7月的户外运动节，8月的夏季祭祀、烟火晚会等。

根据民俗文化旅游资源开发利用实践，有学者将民俗文化旅游开发模式总结为六种类型（王德刚，2003）：品牌经济模式，社区—历史街区模式、乡村模式、"生态博物馆"模式、主体公园模式、节庆活动模式。高山村民俗文化资源载体为村落，民俗文化资源内容为特色的风俗习惯、特色食材和食品、民族服饰，民俗文化旅游产业发展主要采取乡村模式和节庆活动模式。

综合农业观光旅游、避暑休闲旅游和民俗文化旅游发展研究和案例，高山村地区乡村旅游发展指引主要有以下几点建议：

第一，政府对村民提供乡村旅游知识培训，并以村或镇为单位，成立乡村旅游组织，团结发展资源与力量。

第二，因地制宜，选择适宜自身发展的旅游产品：农业观光旅游、避暑休闲旅游或民俗文化体验旅游等。

第三，突出地方特色，与周边区域具有相同旅游资源的旅游组织共同打造特色品牌，如大巴山地区的高山山地景观、高山平坝草原、高山红叶、高山食品等，武陵山地区的避暑休闲、喀斯特地貌、少数民族民俗特色等。

第四，制定"乡村旅游"计划，打造农家乐+民宿+庄园的产品体系，推动农房变客房、田园变公园、产品变商品。从建筑风格等方面统一农家乐的建设，鼓励打造民宿等特色化、个性化、中高端的旅游产品，控制庄园等大规模建设项目。

第五，结合历史文化资源、自然景观资源、生态农业资源等地方资源特色，推介专题旅游路线。

第六，挖掘特色食材、食品，打造高山村的美食图腾。开发大巴山地区鱼类、羊类、菌类等特色餐饮，武陵山地区肉牛、酒类等特色餐饮；挖掘渝东南片区少数民俗特色美食。

第七，特色服饰、手工艺品的发扬。通过特色服饰、手工艺品的非物质文化遗产传承人的带动，传承特色服饰、手工艺品的制作方式和工艺，将产品变商品，打造特色的民俗文化旅游纪念品。

5.2.2　居民点布局规划对策

（1）基本理念

1）符合生产、生活习惯

高山村居民点布局需要同时考虑村民生活习惯与生产方式，规划布局应符合村民现有的生产生活习惯。生活方面，居民点布局要合理安排各类用地，满足村民居住、文化习惯、节日等仪式习惯、出行、文体娱乐等方面的需求，从居民点布局的角度改善和提高村民的生活条件。生产方面，居民点布局应方便生产活动的开展，便于生产的组织和管理，有利于提高劳动生产率。

2）适应高山村环境和地域特点、保护环境

高山村地区具有海拔高、坡度大、相对高差大、管制要素多、生态较为敏感的环境特点，高山村的居民点布局应避免大拆大建、粗暴改造地形地貌的方式建设集中式布局，而要根据地形地貌、环境植被、气候特征、民俗文化等具体的环境特点和地域特点，以延续现有的整体空间格局为主，宜聚则聚、宜散则散，形成显著区别于非高山村和城镇的村落空间特色。保护居民点聚集区内和周围的自然环境，避免居民点聚集区的建设对环境的破坏和污染。

3）不占优质耕地

高山村地区耕地分布零散，且因坡度较大，耕地总量较少，耕地资源紧张，居民点建设用地应尽量避免占用耕地，特别是优质耕地，禁止占用基本农田，可选择利用荒山、荒坡、荒草地、裸地等。

（2）总体布局模式

1）生态农业主导型高山村：适度集中过于分散的居民点

从事生态农业的村民，居民点的分布主要受耕地分布的影响。在山地区域耕地受地形影响，分布零碎分散，居民点多分散分布在耕地周边，增加了基础设施的建设成本和运营成本，也难以产生规模和集群效应，基础设施特别是道路设施的落后反过来又制约了高山村的经济发展。本研究规划在保障村民适宜的耕作半径基础上，对高山村内居民点适度的集中，不仅可以提高土地的利用效率，也能减少基础设施的建设成本（图5-4）。

有研究数据显示，80%的农民耕作出行方式以步行为主，步行与机动车出行相结合，单程耕

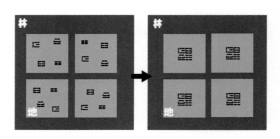

图5-4　生态农业主导型高山村居民点聚集模式

作出行时间在20min以内。胡纹等通过计算平面1000m内道路实际长度与1000m
道路的比值，得出道路出行距离在平面图上表达的山地修正值为0.67（胡纹，
2014）。保留型高山村由于地形较为陡峭，且道路的覆盖面积小，村民耕作出
行方式以步行为主，通常个人步行速度5km/h，机耕道车行速度20km/h，计算
20min内村民步行距离约为2km，机动车行距离约为6km，根据山地修正值0.67可
以计算出居民点步行到耕地的最大距离以1～1.2km为宜，车行到耕地的最大距
离以4～5km为宜。考虑到随着基础设施的完善，高山村内机械化水平提高，耕
作半径增大，因此本研究采用4～5km作为耕作最大半径。

　　本研究规划在保证每个居民点合理的耕作距离前提下，将相邻的零散分
布的居民进行整合，形成小集聚的居民点分布模式。每个居民点聚集区内村
民户数建议10～50户，根据《重庆市土地管理规定》，主城区外每人宅基地标
准为20～30m^2，3人以下户按3人计算，4人户按4人计算，5人以上户按5人计
算。根据问卷调查数据，高山村人口空心化现象明显，老龄化和留守儿童问题
严重，大量劳动力外出，每户人口多为3～4人。本研究以每户4人计算，每户
村民规划宅基地面积60～90m^2，居民点聚集区规划宅基地面积以0.5～1.5hm^2
为宜。

　　2）乡村旅游主导型高山村：居民点分散布局和旅游建筑集中布局相结合

　　乡村旅游产业的发展，需要完善的公共服务设施、基础设施作为支撑。乡村
旅游配套建筑的选址主要受旅游资源的影响。

　　农业观光旅游主导型高山村的旅游资源主要是农业景观及产品，该类村的居
民点规划原则与生态农业主导型高山村一致。

　　避暑休闲旅游主导型高山村的旅游资源主要是垂直气候产生的凉爽气候、清
新宜人的空气。该类村的旅游建筑应集中布置在旅游资源理想的区域之一，旅游
建筑周边村民居民点规划集中布局，方便向游客提供便捷的旅游产品和旅游服
务，旅游建筑周边以外居民点，布局原则与生态农业主导型高山村一致。避暑休
闲旅游用地的选址主要需考虑旅游资源因素、自然环境因素、区位条件、市场因
素、社会经济因素、政治环境因素，其中自然环境因素包括气候条件、地形地貌
条件，区位条件包括交通区位、旅游区位和周边景区的集散与屏蔽；社会经济因
素包括地方经济发展水平、基础设施状况、乡村接待能力和村民的参与态度等
（王成，2014）。

　　民俗文化体验旅游主导型高山村的旅游资源是村落中原滋原味的民俗文化，
规划保留民俗文化自然村落的居民点原有布局模式，旅游建筑与居民点建筑结合
布局或者散布在村民居民点内。乡村旅游主导型高山村居民点布局模式如图5-5
所示。

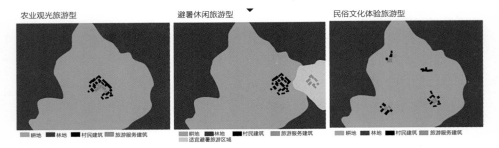

图5-5 乡村旅游主导型高山村居民点布局模式

5.2.3 道路体系规划对策

（1）规划原则

1）因地制宜

高山村地区属于典型的丘陵山地区域，道路体系规划不能照搬平原村落格网状的道路规划手法，道路体系的规划应充分结合地形地貌，顺应地形走势特征，避免较大的填挖方工程量以及对环境的破坏。道路体系除适应地形地貌以外，还应顺应现有居民点格局和建筑肌理，延续乡土文化。

2）具有一定可达性

高山村地区道路体系的规划与修建目的之一是连接居民点，方便村民出行、生产物品的运输。道路体系的构建应符合以上目的，并充分考虑农用机动车、小汽车的发展，在保障道路可达性的同时争取道路的畅通。

3）经济适用性

在保证高山村居民点可达的前提下，合理规划道路结构和等级、适度控制路网密度、科学确定道路宽度，保证道路建设的经济适应性。

（2）路网形式

道路体系作为区域之间和区域内部人流、货流、车流的主要通道，是指具有一定结构和功能的完整体系。农村地区路网形式一般包括：一字形、并列形、丰字形、网格形、环形、扇形以及自由形。高山村地处山地丘陵地区，地形地貌环境复杂。地形地貌是影响道路路网组织形式的主导因素，相关研究概括山地区域地貌形态主要有槽谷、岭脊、沟梁、丘状四大类型（曹珂，2013）。一字形、鱼骨形（丰字形）和自由形路网形式相对其他路网形式，更加适应山地槽谷、岭脊、沟梁、丘状地貌，也是高山村地区现有的主要路网形式。

一字形：在高山村地区，一字形路网根据地形地貌变形为曲线或折线型。这种路网形式适用于槽谷地貌，主要道路沿河谷、山谷延伸，形成带状线性交

通带。居民点和耕地主要沿道路两侧
分布，通过道路连接村民主要生活空
间和生产空间，如巫溪县尖山镇（图
5-6）。

图5-6　尖山镇一字形道路

　　鱼骨形（丰字形）：该类路网通
常沿主要道路两侧以一定间距纵向延
伸次要道路，适应于脊岭地貌和沟梁
地貌。纵向延伸的次要道路多为垂直
等高线布局，受地形因素制约，路网
间距并不均衡，道路间常以斜交与盘绕的方式纵向延伸，在坡度较大的区域，形
成典型的"之字路"、"半边路"和"盘山路"等形式。

　　自由形：自由形路网以结合山地地形为原则，路线随地形起伏弯绕，是网格
型路网在山地区域的一种变形，适应于丘陵山地地貌、且地形起伏度不是太大的
区域。

　　每个高山村地貌特征多样，相对应的也适用于多种路网形式，每个村的道路
体系是多种路网形式共同组织的复杂系统。

　　（3）路网密度

　　根据上章高山村交通分析结果可知，高山村道路密度整体偏低，以大巴山区
域最为明显，该区域交通通道多呈西北—东南走向沿山谷横向布局，纵向交通联
系差，网络化程度低。同时该区域县道道路以乡道及以下等级道路为主，无等级
较高的道路。

　　针对保留型高山村道路网密度的现状问题，本研究规划在大巴山区域适度
增加路网密度，增加西南—东北走向的道路。为适应该地区复杂的地形特征，
规划路网组织形式主要以"一字形"为主，道路以村道、机耕道等低等级道路
为主。

　　（4）道路体系

　　道路功能决定了其等级结构，一个完整的农村道路体系是由农村公路、机耕
道和生产道路共同有机构成（陈华，2011）。农村公路是指以通车为主要职能的
区域性对外交通主干道，一般有等级公路承担，路面宽度为6m及以上，路面材
质多为混凝土路面和沥青路面；机耕道主要是指村内连接乡道、县道等级公路、
田块、居民点，以货物运输、农耕机械转移至耕地等生产操作过程为主要职能的
道路，是农村地区道路体系中占比最多的一类道路，可通行机动车辆和农业机

械。机动车辆包括小型面包车、农用运输车、摩托车，农业机械包括拖拉机、旋耕机及插秧机等（花可可，2010）。生产道路是农事生产的末级路网，多与居民点、田块、乡村道路、机耕道或生产道路相连，为人工或少量小型机动车田间作业和农产收获提供服务。

1）生态农业主导型高山村：构成以机耕道和生产道路为主的道路体系

生态农业发展区对道路的基本要求是机动车辆和农业机械能无阻碍的到达农业生产区域，该地区对道路功能的要求不高，但对道路的可达性具有较高的要求，在道路等级结构上，需要如毛细血管般的低等级道路——机耕道与生产路，对服务范围有限的农村公路需求较小。

根据数据显示，重庆地区机动车辆外形宽度根据车辆类型不同主要位于1655～1710mm之间，农业机械外形宽度最大为2200mm，最小为645mm。为满足车辆通行，机耕道行车道宽度规划2.5～3.5m，路基宽度3.5～4.5m，在500m范围内设置错车道，错车道路基宽度不小于6m，有效长不小于10m（花可可，2010；陈华，2011）。道路路线的选择应尽量减少对耕地的占用，可以结合渠道、防护林进行布局。

2）乡村旅游主导型高山村：强化道路功能和沿线景观，构建以公路为主的道路体系

乡村旅游发展区道路作为景点与外界联系的纽带，其功能在景观性、舒适性和安全性等方面具有与一般公路明显的差异。乡村旅游发展区道路的主要对象为旅游车辆和游客，为满足乡村旅游产业发展带来的大量自驾车、旅游巴士等外部车辆的通行需求，该地区道路体系以农村公路为主要骨架，道路宽度以双向两车道为宜，部分坡度较大的山坡区域，可采用单车道，单车道应在不大于300m的距离内布置错车道，山地区域道路设计时速宜为20～40km/h，并加强道路交通安全设施的设置。通过道路两侧植被的种植丰富道路景观，植被宜选择高山村本土植被，道路两侧景观设计应与周边自然环境和谐。在地形条件适宜地区，结合乡村风景设置自行车道和步行车道。

5.2.4 公共服务设施规划对策

公共服务设施是村民享受社会进步、经济发展成果的重要载体，科学、合理、公平的公共服务设施体系和规划布局，能有效地发挥公共服务设施的价值，提高村民的生活质量，方便村民的生产活动。根据现状分析可知，高山村因居民点分散、生产水平较低、人口流失严重，存在公共服务设施建设滞后、设施类型单一、部分设施建筑空置等问题。随着社会的进步、农业机械化的提高，村民生

活质量越来越高、劳动力时间越来越短，将获得更多的空闲时间，对公共服务设施的需求亦将会越来越突出。

（1）布局原则

1）因地制宜

不同地区在进行公共服务设施资源的布局时，应综合考虑当地的自然地理条件、风俗民情、经济发展水平等因素，因地制宜地制定出符合村民需求和村情发展规律的公共服务设施项目、设施布局方式等，体现公共服务设施项目内容的农村化、本土化。

2）存量利用

充分利用高山村部分空置的设施建筑，结合村民实际需求，调整空置建筑功能，节约公共服务设施的建设成本。除此之外，利用现有公共服务设施资源，通过维护、修缮改建、扩建等方式，完善和提升现有设施的功能，满足村民对公共服务的需求。

3）社会公平

公共服务作为一种社会公共物品，是一种公共资源，是衡量社会公平的重要标尺。公共服务设施规划布局应充分考虑设施分布的均衡性，使村民均有公平的机会享受公共服务给生活带来的便利和精神需求的满足。

4）社会效益最大化

从村民的实际需求出发，首先满足村民最基本、最急需和最基础的公共服务设施项目，增强公共服务设施的社会公益功能。同时，综合平衡设施建设成本与设施服务范围之间的矛盾，节约社会资源。

（2）公共服务设施配置项目

根据调查问卷，高山村现状公共服务设施以便民服务中心和村卫生室配套较为齐全，基础教育设施、公共文化与体育设施和村管理设施建设滞后。现状公共服务设施多在便民服务中心集中配置，设施的服务半径较大，偏远地区的居民点无法有效的利用设施提供的服务。高山村因经济水平较低、人口流失、人口老龄化等原因，对小学、市场的需求不明显，对村养老服务站、老年人活动室等社会福利设施需求较为显著。高山村现状公共服务设施配置情况详见表5-2。

高山村公共服务设施配置现状情况   表5-2

设施项目	配置情况	配置特征
村便民服务中心	均有配置	—
村卫生室	大部分村有配置	村卫生室硬件设施和软件设施都亟待提高。 无卫生室的高山村主要分布在乡镇附近，就近利用场镇设施。 部分村卫生室仅有"赤脚医生"，无相关执照
基础教育设施	少数村有配置	仅少数由行政村调整形成的大村配置有幼儿园和小学。 未配置有幼儿园的村适龄儿童主要在村附近乡镇就读
公共文化与体育设施	部分村有配置	主要结合村便民服务中心配置
社会福利设施	少部分村有配置	—

根据《重庆市城乡公共服务设施规划标准》（DB50/T 543—2014），农村地区的基本公共服务设施包括幼儿园、小学、村卫生室、村文化活动室、农村体育健身场所、村养老服务站、老年人活动室、村管理设施和村商业服务设施（市场、放心店、邮政代办点），配置要求详见表5-3。

《重庆市城乡公共服务设施规划标准》中农村公共服务设施规划标准   表5-3

设施类型	设施名称	备注
基础教育设施	幼儿园	1）幼儿园办学规模宜为2～3班。 2）幼儿园应有独立占地的室外游戏场地，每班的游戏场地面积不应小于60m²。 3）幼儿园适龄学生数不足时，可设置1班的幼儿园，建筑面积不应小于200m²，用地面积不应小于260m²。 4）2班幼儿园教学楼若为1层建筑的，用地面积应不小于520m²。 5）3班幼儿园教学楼若为1层建筑的，用地面积应不小于780m²
	小学	1）办学规模宜为6～12班。 2）初级小学包括1～3年级，建筑面积不应小于500m²，用地面积不应小于720m²。 3）学校运动场应至少设置一组60m直跑道
医疗卫生设施	村卫生室	独立占地的村卫生室（所），占地面积不低于115m²，业务用房面积不低于80m²
公共文化与体育设施	村文化活动室	每个行政村应配置一处，应包括科技服务、图书阅览等功能
	农民体育健身场地	每处农民体育健身设施应包括1个标准篮球场，1副标准篮球架和2张室外乒乓球台
社会福利设施	村养老服务站	结合村级公共服务中心设置，每处配置5～10个床位
	老年人活动室	结合村级公共服务中心设置

续表

设施类型	设施名称	备注
村管理设施	村管理用房	建筑面积100～200m²
村商业服务设施	市场	占地面积50～200m²
	放心店	建筑面积50m²左右
	邮政代办点	结合商业服务建筑设置

结合高山村公共服务设施现状情况和公共服务设施建设标准规范，规划高山村基本公共服务设施项目主要涉及幼儿园、村卫生、村文化活动室、农民体育健身场地、村养老服务站、村管理用房、放心店和邮政代办点设施，配置要求详见表5-4。

保留型高山村基本公共服务设施配置建议表　　　　表5-4

设施类型	设施名称	配置说明
基础教育设施	幼儿园	可结合便民服务中心或利用原有村小场地设置，临近主要道路
医疗卫生设施	村卫生室	结合便民服务中心或者居民住宅设置
公共文化与体育设施	图书阅览室	结合便民服务中心设置。各类设施可结合设置，有条件村可分开设置
	电脑室	
	棋牌室	
	文艺活动室	
	篮球场	结合便民服务中心或空置村小用地设置
	乒乓球场	利用居民点内现有空地设置
	健身设施场地	
	室外休息场地	
社会福利设施	村养老服务站	结合便民服务中心或空置村小建筑设置
村管理设施	便民服务中心	在主要道路旁单独设置
村商业服务设施	放心店	结合村民住宅设置
	邮政代办点	在主要道路两侧，结合其他公共服务设施或村民住宅设置

乡村旅游主导型高山村还需要配置服务旅游人群的公共服务设施。游客对公共服务的质量和多样化具有较高的要求，因此该类村中的公共文化和体育设施社会福利设施的类型和质量需要提高。发展农业观光旅游的村规划配置农事活动体验场所、农耕文化和农具器材展览场所等；发展避暑休闲旅游的村规划配置茶室、健身室、儿童游乐场等游客休闲娱乐设施；发展民俗文化旅游的村规划配置如土家族摆手舞、苗族踩花山等民俗活动表演场地、传统手工艺如雕刻、绘画、剪纸等的展示、技艺交流场地，配置要求详见表5-5。

乡村旅游主导型高山村旅游服务设施配置建议表　　　表5-5

设施类型	设施名称	配置说明
公共文化与体育设施	农事活动体验场所	配置在发展农业观光旅游的村
	农耕文化和农具器材展览场所	配置在发展农业观光旅游的村
	休闲娱乐设施	配置在发展避暑休闲旅游的村
	民俗活动表演场地	配置在发展民俗文化旅游的村
	传统手工艺场地	配置在发展民俗文化旅游的村
社会福利设施	疗养院	配置在发展避暑休闲旅游的村

（3）公共服务设施体系

公共服务设施分等级布局是平衡村民享受公共服务和设施建设成本的重要对策。以设施分等级布局为规划思路，以居民点规模和产业类型为主要因素，提出高山村地区公共服务设施规划对策。

1）生态农业主导型高山村

生态农业主导型高山村内的公共服务设施配置主要为村民服务，公共服务设施规划构建"村级—重要居民点级——一般居民点级"三级体系（图5-7）。村级公共服务设施是指服务全村村民的设施，包括便民服务中心、村卫生室和幼儿园等，结合便民服务中心配置公共文化与体育设施和社会福利设施。重要居民点级公共服务设施是指布置在规模较大的集中居民点内或村民现状自发形成的主要道路交叉口、寺庙、古树等公共空间内，服务集中居民点及周边村民，包括卫生室、室外休息场地、棋牌室、文艺活动室和放心店等，室外休息场地

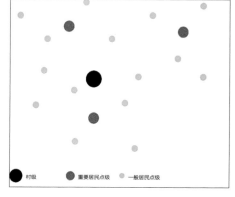

图5-7　公共空间等级分布模式图

内建议配置廊亭、石桌凳等。一般居民点级公共服务设施是指布置在规模较小的集中居民点附近或散居居民点内的公共服务设施，主要包括室外休息场地和放心店，室外休息场地建议结合院落和屋檐配置石凳等休憩设施，为邻里之间闲谈提供空间，配置要求详见表5-6。

生态农业主导型高山村公共服务设设施配置建议　　　　　　表5-6

设施名称	村级	重要居民点级	一般居民点级
幼儿园	●	○	○
村卫生室	●	◎	○
图书阅览室	●	○	○
电脑室	●	○	○
棋牌室	●	●	○
文艺活动室	●	●	○
篮球场	●	○	○
乒乓球场	●	◎	○
健身设施场地	●	●	◎
室外休息场地	●	●	●
村养老服务站	●	○	○
便民服务中心	●	○	○
放心店	●	●	●
邮政代办点	●	◎	◎

注：●必须配置◎建议配置。

2）乡村旅游主导型高山村

乡村旅游主导型高山村的公共服务设施除了服务当地村民以外，还需要满足外来旅游人群的需求，享受公共服务是旅游活动的一部分，因此游客对公共设施质量和多样化的需求具有较高要求。该类高山村的公共服务设施规划构建"村级——游客公共服务设施和一般居民点级"两级体系，村级公共服务设施规划以便民服务中心和游客中心为主，除配置生态农业主导型高山村规划配置的设施外，还需要配置较大面积的游客广场和停车场设施。游客级公共服务设施主要指供游客活动、体验、参观的空间。发展农业观光旅游的村规划配置农事活动体验场所、农耕文化和农具器材展览场所等；发展避暑休闲旅游的村规划配置茶室、健身室、儿童游乐场等游客休闲娱乐设施；发展民俗文化旅游的村规划配置如土家族摆手舞、苗族踩花山等民俗活动表演场地、传统手工艺如雕刻、绘画、剪纸等的展示、技艺交流场地，供游客观光、学习、体验的同时，也是自身文化的传承。一般居民点级公共服务设施规划要求与生态农业主导型高山村一致，配置要求详见表5-7。

乡村旅游主导型高山村公共服务设设施配置建议　　　表5-7

设施名称	村级	游客公共服务设施			一般居民点级
		农业观光旅游	避暑休闲旅游	民俗文化旅游	
幼儿园	●	○	○	○	○
村卫生室	●	◎	◎	◎	○
图书阅览室	●	○	○	○	○
电脑室	●	○	○	○	○
棋牌室	●	●	●	●	○
文艺活动室	●	●	●	●	○
篮球场	○	○	○	○	○
乒乓球场	●	◎	◎	◎	○
健身设施场地	●	●	●	●	◎
室外休息场地	●	●	●	●	●
农事活动体验场所	○	●	○	○	○
农耕文化和农具器材展览场所	○	●	○	○	○
休闲娱乐设施	○	○	●	○	○
民俗活动表演场地	○	○	○	●	○
传统手工艺场地	○	○	○	●	○
疗养院	○	○	●	○	○
村养老服务站	●	○	○	○	○
便民服务中心	●	○	○	○	○
放心店	●	●	●	●	●
邮政代办点	●	◎	◎	◎	◎
游客中心广场	○	○	○	○	○
停车场	●	○	○	○	○

注：●必须配置◎建议配置。

5.2.5　市政基础设施规划对策

（1）规划原则

农村市政基础设施主要包括给水、排水、电力电信、环卫和热能等内容，在规划中应当遵守以下原则：

1）城乡统筹

加强乡镇层面市政基础设施的统筹规划，增强城镇市政基础设施体系对农村的辐射作用，在城镇周边的高山村，在经济可行的条件下，将居民点聚集区市政基础设施纳入城镇设施管网服务系统。

2）因地制宜

市政基础是的建设应充分考虑高山村地区地形等自然环境特征，根据居民点聚集区规模、村民生活习惯，因地制宜选择市政基础设施的配套规模、设施类型和配套方式等内容。高山村区域地形复杂，根据各村实际经济发展水平、居民点分布情况，制定差异化的设施建设目标。

3）经济适用性

高山村地区经济条件普遍不突出，市政基础设施的配套应当时的经济水平，利用生态绿色基础设施低成本、本土化的设施达到提高村民生活条件的目的。

（2）排水系统

根据实地调研，高山村地区内的市政基础设施除电力配套设施情况均不太理想，其中以排水设施问题最为严重，本研究主要针对排水设施，对高山村地区的规划提出相应的对策。

1）排水体制

高山村地区应根据自身居民点分散的特点，因地制宜地选择排水体制。农村地区雨水是村民生产和生活用水的主要来源，因此在排水系统中，污水和雨水分流制更适合农村地区。

2）雨水收集

雨水收集利用是解决高山村地区水资源缺乏的有效途径，是部分高山村地区生活用地和生产用地的主要来源。高山村雨水的收集利用具有多种途径，如利用丘陵地形，坡面收集雨水；通过水田、山坪塘、鱼塘、水库等水利设施收集雨水；利用屋顶收集雨水；通过植被浅沟收集雨水等（王丽等，2016）。其中植被浅沟收集雨水可通过对高山村地区地形进行水文分析，识别并保留雨水的汇水通道，通过汇水通道打造天然的植被雨水收集沟渠。

3）污水处理

高山村地区的污水排放主要通过是散排到居民点周边农田或牲畜粪池内，无污水处理设施，任意散排污水不仅影响农村地区村民的居住环境，对周边的土壤和水体也将产生负面的影响。污水处理方式方面，我国现有的污水处理方式，有集中式和分散式两种。污水处理技术方面，我国现有的分散式处理技术主要有厌氧沼气池、小型人工湿地、氧化塘、稳定塘、土地处理系统等技术（龚园园等，2012），国外研发的较为实用的分散式污水处理技术有美国的高效藻类塘处理系统、土地处理技术、生活污水地下自动连续处理技术等，欧盟地区"FILTER"（非尔脱）技术、一体化氧化沟、蚯蚓生态滤池、人工湿地处理系统、高效藻类塘处理系统等，日本的净化槽技术、毛细管土壤渗滤处理技术、生态厕所、生物膜技术等，以及韩国的湿地污水处理系统等（王波等，2016）。综合考虑高山村地区地形坡度大、居民点分布分散、经济基础差等现实条件，规划高山村地区污水处理采用分散式处理方式，污水处理技术采用需符合操作简单、运行维护方便、经济可行的原则，建议采用生物处理工艺或成品生化池，并将污泥、尾水资源利用与农业生产相结合。

（3）给水系统

高山村地区大部分村落现有给水以小型水利工程为主，小部分村的给水系统由城镇给水系统集中供水。综合考虑高山村给水的现状基础条件，规划城镇周边或者主要等级道路周边区域，给水优先选择城镇给水管网延伸供水；距离城镇或者等级道路较远区域的居民点聚集区，以居民点聚集区为单位，建立小型饮水水利工程设施，并结合水井、水池、水库、河流或者雨水收集保证供水水源的充足。

（4）环卫设施

高山村地区约50%左右的村民住宅周边设置有垃圾收集设施，主要为沿道路布置的垃圾箱、垃圾坑、垃圾桶等设施，并形成了"户收集——镇中转——区县处理"的模式。但在实施上的过程中，垃圾的收集处理在高山村地区并不理想，主要原因是垃圾收集频率过低，垃圾收集在垃圾箱、垃圾坑中不能及时得到处理。处理高山村环卫设施现有问题，首先需完善垃圾收集设施，在主要路沿线和居民点聚集区内布置垃圾收集设施，其次应从乡镇层面，提高和固定垃圾收集频率，最后从宣传角度，向村民普及垃圾收集以及分类收集的意义，提高村民垃圾集中收集的积极性。

（5）热能利用

高山村地区70%的生活热能以烧柴为主，其他村民热能主要利用电、液化气、沼气和天然气，仅5%的村民享有天然气，以烧柴为主的热能对环境将产生不可避免的严重影响。

城镇周边的高山村和居民点聚集区，以及避暑休闲产业区，规划纳入城镇燃气管网系统；城镇较远的高山村和居民点聚集区，鼓励村民利用有机垃圾堆肥，推广太阳能、风能、秸秆志气等清洁能源使用。

5.2.6　建筑规划与保护指引

（1）住宅规划指引

1）生态农业区域住宅保留传统由场院、住房和附属用房构成的居民住宅院落。

高山村村民住宅院落（图5-8）以一层和二层为主。一层住宅院落一般由场院、住房和附属用房三大部分构成，该类住宅院落格局符合农业生产方式，该类住宅主要分散分布在耕地周边。二层住宅为一梯一户，由底层堂屋进入室内，一楼为会客、厨房等公共空间，二楼为住房，房屋侧面大多建有附属用

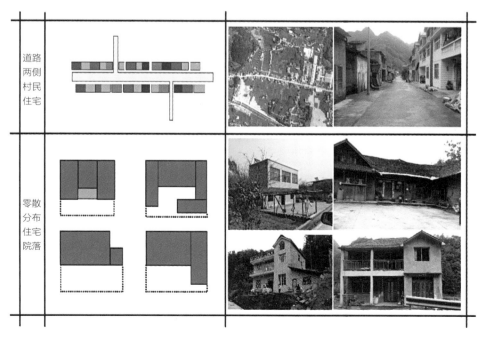

图5-8　村民住宅样式

房，无庭院种植空间，顶楼作为晒台，建筑前场院面积较小。二层住宅是村民为提高居住舒适度，在一层住宅院落上的改进。道路沿线两侧住宅以二层住宅为主。

住房包括堂屋和厢房，堂屋在传统农业地区村民的生活习性中具有重要意义，是村民家庭活动的中心，具有会客、聚餐、祭祀等功能，堂屋为主居于主要建筑中央，空间需宽敞；厢房功能以居住为主，围绕堂屋布置，数量需根据家庭人口结构、经济情况等情况决定。厨房和厕所根据住在形式灵活布置，多布置在主要建筑一侧。

附属用房具有粮食的贮藏加工、牲畜饲养等生产功能，多单独设置在主要建筑周边，是生态农业区域村民的主要生产活动空间。

场院除了具有村民之间交流的功能外，还具有粮食晾晒的生产功能。

2）乡村旅游区域村民住宅规划以2~3层建筑为主。乡村旅游区域村民主要从事开办农家乐、民宿等活动，则需要相对较多的客房数量，并且对传统房屋格局中的附属用房需求减弱，因此建议乡村旅游区域村民住宅以多层建筑为主，其中一层为大厅、用餐区、厨房，二层及以上区域为客房和村民居住空间。

乡村旅游区域旅游住宅需与当地环境协调。乡村旅游区域旅游住宅的具体形式开发主体可根据自身需求、市场调研等内容灵活确定，但是建筑形式整体应与当地环境和村民建筑和谐，从建筑形式和建筑材料等方面体现当地特色。

（2）传统建筑保护

高山村地区村民住宅的建设水平差异较大，主要道路沿线和城镇周边区域以砖混结构的现代建筑居多，建筑形式和风格与城镇建筑相似；同时部分偏远村落保存有较为完整的地方特色建筑，该类建筑的建筑风貌、建筑形式、建筑结构的保护是对该地区文化和历史的续写，具有重要意义。随着经济的发展和城镇化水平的提高，高山村等偏远山区内传统建筑或传统村落正面临破败和消失的情况，因此对传统建筑及其载体传统村落的保护迫在眉睫。

高山村内分布的大部分传统建筑为木结构居住建筑，特别是渝东南片区内，分布有较多土家族和苗族少数民族风格的干栏建筑，建筑构造以穿斗木结构为主；传统建筑除大部分的木结构居住建筑，还有寺庙、戏楼等公共建筑。

传统村落是传统建筑单体的重要空间载体，对传统建筑的保护必须从村落层面进行统筹规划思考，才能有效地保护建筑及其所承载的历史文化（图5-9）。传统村落的保护内容包括传统建筑、村落选址和格局形态等物质遗产，建筑和村落所承载的民俗文化、传统手工艺技术、传统节日等非物质文化和村落文化生态系统两个层面（图5-10）。

图5-9　传统木结构居住建筑

图5-10　传统木结构寺庙建筑

　　传统建筑单体保护措施多样，且随着科学的进步，建筑保护的措施和技术将得到不断改善和更新，如运用3S技术，对传统建筑单体进行3D建模、定期调查和监测，收集传统建筑单体信息，包括传统建筑的建筑结构、建筑年代、建筑材质以及建筑功能等。根据收集的信息构建传统建筑数据库，规划对传统建筑单体的建筑特征、承载的民俗文化特征进行分析，对传统建筑单体的可利用性进行评估，对传统村落形态特征和格局形成原因进行分析。在保护过程中，保护传统村落的山水格局、建筑肌理，延续建筑单体结构特征和文化内涵。

　　非物质文化方面，规划首先记录高山村民俗文化、传统手工艺技术、传统节日、流传的历史故事和传说、建筑技艺、饮食文化等内容；其次，通过就地建设博物馆等设施宣传展示该地区的文化内涵和传统技艺制作流程；最后，鼓励村民学习传统手工艺技术等非物遗产，并向村民和游客等人群免费进行培训，提高民间技艺传承程度。

5.3 生态农业主导型高山村——新合场村村规划

5.3.1 区位及资源概况

（1）区位条件

新合场村位于武平镇东部，武平镇地处七曜山地区，位于丰都县东南部，东部及南部与丰都县太平坝乡毗邻，西连丰都县暨龙镇和龙河镇，北靠石柱土家族自治县下路镇和三星乡（图5-11）。镇域面积12630.16hm²，辖8个行政村，2个社区。境内有省道丰彭路（S406）、县道南暨路（X796）、县道武都路（XA89）、县道余五路（XA80）、乡道酒土路（YA07）、乡道高河路（Y008）经过，镇政府位于冷玉山社区，距丰都县政府路程约64km。

新合场东北临武平镇坝周村，东南连太平坝乡凤凰社区，西南与武平镇冷

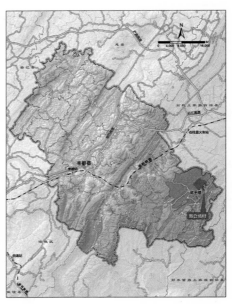

图5-11 新合场村区位分析图

玉山社区和磨刀洞社区毗邻，西北靠武平镇漩石沟村，村域面积1239.50hm²。乡道酒土路（YA07）北-西南向经过村域，向北于坝周村北部边界处接入县道余五路（XA80），向西南于冷玉山社区接入省道丰彭路（S406），乡道酒土路（YA07）是新合场村主要对外交通路线。村委会位于村域中部乡道酒土路（YA07）旁，距武平镇政府路程约5km，距丰都县政府路程约65km。

（2）地形地貌

1）高程

新合场村地处七曜山山脉，整体地势东西两边高中间低，海拔介于1055.9m至1815.2m之间，村内高差为759.3m，最高点位于村域东南部与太平坝乡凤凰社区交界处的山顶上，最低点位于村域中部村道赖风路旁的深坑内。新合场村地貌

以山地、坪坝和河谷为主，坪坝区呈东北–西南向延展，将村内山体分割成西北和东南两个部分，东南部山体相对较高，西北部山体相对较低。东南部山体被两条河谷切割成三个部分。新合场村高程统计情况见表5-8，高程分布情况如图5-12所示。

新合场村高程统计表　　　　　　　　　　表5-8

序号	高程（m）	面积（hm²）	百分比（%）
1	<1100	2.12	0.17
2	1100～1150	19.82	1.60
3	1150～1200	192.38	15.52
4	1200～1250	214.85	17.33
5	1250～1300	122.71	9.90
6	1300～1350	106.27	8.57
7	1350～1400	95.00	7.67
8	1400～1450	82.42	6.65
9	1450～1500	72.59	5.86
10	1500～1550	74.92	6.04
11	1550～1600	73.51	5.93
12	1600～1650	66.44	5.36
13	1650～1700	60.18	4.86
14	1700～1750	43.09	3.48
15	1750～1800	13.06	1.05
16	>1800	0.14	0.01
合计		1239.50	100.00

注：根据1：5000数字高程模型计算得到。

2）坡度

新合场村地表起伏大，整体坡度较陡。坡度小于10°的面积占全村面积的15.27%，主要为村内中北部的坪坝区域；坡度介于10°至15°的面积占全村面积的6.11%；坡度介于15°至25°的面积占全村面积的23.96%；坡度大于25°的面积占全村面积的54.66%，主要为村东南部河谷切割山体形成陡坡区域以村西北部山体区域（表5-9，图5-12～图5-14）。

新合场村坡度分级统计表　　　　　　　　表5-9

序号	坡度（°）	面积（hm²）	百分比（%）
1	<5	104.41	8.42
2	5~10	84.87	6.85
3	10~15	75.76	6.11
4	15~25	297.02	23.96
5	>25	677.44	54.66
合计		1239.50	100.00

注：根据1：5000数字高程模型计算得到。

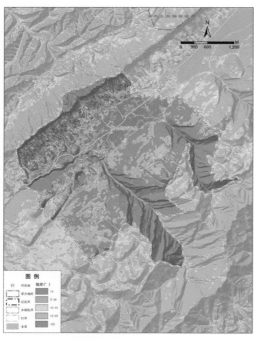

图5-12　坡度分析图

图5-13　新合场村坪坝

图5-14　新合场村山体陡坡区域

3）坡向

　　新合场村地处七曜山山脉，村内山体整体呈东北-西南走向，以乡道酒土路（YA07）为界，西北部山体为东南坡，坡向以东南坡和东坡为主；东南部山体山体为西北山坡，坡向以西北坡为主，东南部山体由于被两条河谷切割成三部分，在河谷两侧以东北坡和西南坡为主（图5-15）。

　　经统计分析，新合场村内平地面积较小，占全村面积的0.15%；西北坡面积较大，占全村面积的30.66%；其余坡向面积占比相对平均，占全村面积的比例位于8%~13%之间（表5-10）。

新合场村坡向分类统计表　　表5-10

序号	坡向	面积（hm²）	百分比（%）
1	平地	1.91	0.15
2	北	150.88	12.18
3	东北	119.63	9.65
4	东	106.50	8.59
5	东南	118.48	9.56
6	南	105.99	8.55
7	西南	111.24	8.97
8	西	144.89	11.69
9	西北	379.98	30.66
合计		1239.50	100.00

注：根据1：5000数字高程模型计算得到。

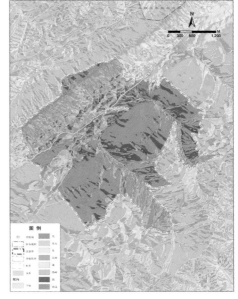

图5-15　坡向分析图

（3）灾害情况

1）地质灾害情况[1]

据国土部门提供的《地质灾害基本信息统计表（2017年）》可知，新合场村内无地质灾害隐患点。

2）洪灾情况

根据村委会提供信息，新合场村内有两处易受洪灾影响的区域。其中，村域东北部河道区域易发生洪灾，洪水对沿河区域耕地及道路造成较为严重的破坏。该河段上游部分为地表河流，下游部分为地下河流，河道未做整治，暴雨时河水易将泥沙带到地下河入河口，阻塞河道，河水无法及时排走，致使耕地和道路被淹没。此外，村域中部河道区域也易发生洪灾，据村委会反应，板凳沟内遗留的煤矿矿渣被雨水带出，导致河道阻塞，是洪灾形成的重要原因（图5-16，图5-17）。

（4）资源情况[2]

1）气候条件

新合场村所属的武平镇位于亚热带湿润季风气候区内，春季气温回升快，但时有"倒春寒"，初夏多雨，盛夏昼夜温差较大，秋多绵雨，冬季多云少日照，

---

① 资料来源：丰都县国土局。

② 资料来源：《重庆市丰都县武平镇总体规划（2014～2030）》。

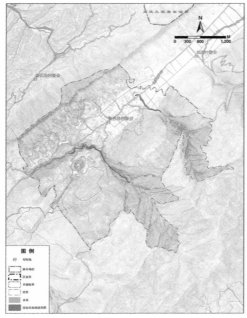

图5-16　新合场村灾害情况示意图　　　　图5-17　村东北部河道洪灾区

年平均气温18.5℃，年平均降雨量1114.3mm，常年大雨始于4月中旬，最早大雨始于2月份，最晚始于7月份，结束期一般在10月中旬，一般降水量充沛，但时空分配不均，年际变幅大，季节变化悬殊，地域差异大。

2）风貌景观

　　新合场村中部地势平坦，耕地连片，两侧山体绵延，形状奇特，山间云雾漂浮，山峦时隐时现，景色秀美；村中南部有一地表凹陷处，该凹陷处最大深度约百米，呈椭圆形，其内植被茂密，地形构造较为奇特；交错的道路，错落的村庄，辛勤劳作的村民，呈现出一幅美丽的乡村画卷（图5-18，图5-19）。

图5-18　新合场村内美景（一）

图5-19　新合场村内美景（二）

3）林木资源

新合场村内林地覆盖面积达867.94hm²，占全村面积的70.02%，主要为马尾松，多分布于村域东南、西北部山体上。

4）矿产资源

新合场村东南部山体区域蕴藏煤矿石，宝渝煤矿公司曾在此开采，现在已停止开采。

5.3.2　人口、用地与建设

（1）人口现状①

1）户籍人口：截至2016年7月，新合场村共有户籍人口1064人，总户数312户，户均3.41人，户籍人口男女比例约为120：100。

2）常住人口：截至2016年7月，新合场村共有常住人口764人。

3）人口流动：新合场村户籍人口中，外出常住村外的约有300人，外出原因以务工为主，约占流出人口的68%，无村外户籍人口至村内常住。新合场村人口呈净流出状态，净流出人口约占户籍人口的28.20%。

4）年龄结构：户籍人口中，19~60岁人口占比为58.55%，61岁及以上人口占比为17.58%。常住人口中，19~60岁人口占比为54.84%，61岁及以上人口占比为20.95%。根据人口数据分析可知，村内老龄化情况较突出（表5-11，图5-20）。

---

① 资料来源：武平镇新合场村村委会。

户籍、常住人口年龄结构表　　　　　　　　表5-11

人口年龄	6岁以下	6～18岁	19～35岁	36～60岁	61岁及以上	合计
户籍人口（人）	37	217	240	383	187	1064
常住人口（人）	26	159	148	271	160	764
户籍-常住（人）	11	58	92	112	27	300

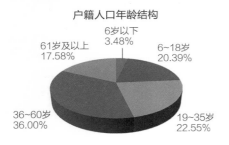 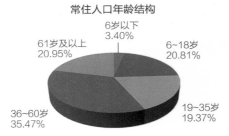

图5-20　户籍人口、常住人口年龄结构图

（2）土地利用现状[①]

根据国土部门2017年土地利用变更调查数据成果，采用GIS软件计算可知：

新合场村土地利用类型以林地为主，占全村面积的70.02%，主要分布于村域两侧山体上；耕地占全村面积的20.27%，主要分布于村域中部坪坝区域；草地占全村面积的3.64%，主要分布在林地与耕地交界处；园地占全村面积的0.38%，在村域西北部和南部区域。

新合场村城镇村及工矿用地占全村面积的2.18%，均为村庄用地，多在乡道酒土路（YA07）和村道两侧分布；水域及水利设施用地占全村面积的0.91%，为村内河流水面；其他土地占全村面积的2.60%，为村内裸地和设施农用地，具体分布如图5-21和表5-12所示。

新合场村土地利用变更调查地类图斑数据分类GIS计算表　　表5-12

序号	地类	面积（hm²）	百分比（%）
1	耕地	251.19	20.27
2	园地	4.73	0.38
3	林地	867.94	70.02
4	草地	45.13	3.64
5	城镇村及工矿用地	27.06	2.18
	其中　　村庄	27.06	2.18
6	水域及水利设施用地	11.23	0.91
7	其他土地	32.22	2.60
	合计	1239.50	100.00

注：本表为GIS软件直接计算地类图斑面积，与国土部门统计方法不同，统计数字存在差异。

———————

[①] 资料来源：丰都县国土局。

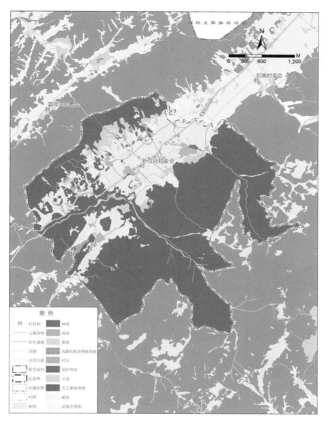

图5-21　新合场村土地利用现状图

（3）建筑物与配套设施

1）建筑物

根据1：5000地形图和1：5000遥感影像识别解译成果，全村共有618栋建筑，其中村建筑613栋，非村建筑5栋。村建筑中，村民住宅589栋，包括2栋用于开办便民商店的混合式住宅；村庄公共服务建筑3栋，其中1栋为新合场村便民服务中心，2栋为五保家园；设施农用建筑23栋，为村内烟苗育苗工场、烤烟棚、养殖圈舍等。非村建筑均为国有建筑，为丰都县武平镇坝周完全小学校用房。按用途分类的栋数统计见表5-13。

新合场村建筑物分类统计表　　　　　　　　　　表5-13

建筑代码	建筑类型		建筑栋数	占比（%）
V	村建筑		613	99.19
	其中	村民住宅	587	94.98
		村庄公共服务建筑	3	0.49
		村庄产业建筑	0	0.00
		村庄基础设施建筑	0	0.00
		设施农用建筑	23	3.72
		其他建筑	0	0.00
N	非村建筑		5	0.81
	其中	对外交通设施建筑	0	0.00
		国有建筑	5	0.81
合计			618	100.00

注：本表参考住建部《村庄规划用地分类指南》对村域建筑进行分类，具体分类要求和类型含义参考《指南》说明。

建筑年代：根据村委会提供的信息，新合场村内20世纪60年代及以前的建筑占比约为20%；20世纪70年代建筑占比约为10%；20世纪80年代建筑占比约为5%；20世纪90年代建筑占比约为10%；2000年以后的建筑占比约为55%。

建筑风貌与特征：新合场村建筑多沿村内机动车道路两侧分布，较为零散，建筑风貌整体差异较大（图5-22～图5-25）。全村约30%的建筑建造时间在20世纪80年代以前，多为2层夯土结构建筑，以木材作支撑骨架，墙体采用黏土和稻草固结夯实而成，小青瓦盖顶，质量和外观较差，部分住房闲置。建造时间在20世纪80～90年代的建筑约占全村建筑的15%，主要为2层的砖混结构建筑，外墙多无装饰。约55%的建筑建造时间在2000年以后，主要分布于乡道酒土路

图5-22　新合场村20世纪80年代以前建筑

图5-23　新合场村20世纪80～90年代建筑

图5-24　新合场村2000年以后建筑

图5-25 新合场村内危房

图5-26 新合场村集中居民点

（YA07）两侧，为2～3层砖混结构建筑，部分外墙贴有瓷砖。2014年，村委会按自愿的原则对部分房屋进行了风貌改造，改造后的房屋墙体涂料以白色为主，辅以橘红色方格，样式统一，较为美观。

村内有C级危房110户、D级危房25户，分布较为零散。

集中居民点：新合场村有1处集中居民点，位于村域中部乡道酒土路（YA07）旁（便民服务中心正对面），由企业投资建设。该集中居民点占地面积约4000m²，建筑面积约2000m²，层数为4层，村民以870元/m²的价格购买，设计户数26户（图5-26）。

2）公共服务设施①

①公共管理和便民服务：新合场村便民服务中心位于村域中部乡道酒土路（YA07）旁，用地面积约680m²（含小广场），建筑面积240m²，集村一站式服务大

---

① 资料来源：武平镇新合场村村委会。

厅（含群众工作、计生工作等窗口）、农家书屋、多功能活动室和办公室于一体。其中，农家书屋建筑面积约40m²，藏书1000余册，能同时容纳20人阅读。此外，便民服务中心前的小广场配套有篮球架和乒乓球台等体育器材（图5-27～图5-29）。

图5-27　新合场村便民服务中心

图5-28　一站式服务大厅（左）和多功能活动室（右）

图5-29　农家书屋

②医疗卫生：新合场村有1处卫生室——武平镇兴合场村卫生室，位于村便民服务中心内，配有医护人员1人，床位数3个（图5-30）。

③教育设施：新合场村内现有小学1所，为位于新合场村东北部乡道酒土路（YA07）旁的丰都县武平镇坝周完全小学校，占地面积5200平方米，建筑面积1300m²（图5-31、图5-32）。该校为六年制完全小学，现开设6个小学班，共有学生约195人，教师12人。该校还开设1个幼儿班，有学生31人，无专职幼师，由该校小学老师兼职任教。

④商业服务设施与网点：新合场村内无便民金融服务设施，存取款及其他金融服务需到磨刀洞社区办理。

图5-30　武平镇新合场坝村卫生室

图5-31　丰都县武平镇坝周完全小学校

图5-32　坝周完全小学校学校内教室

图5-33　乡道酒土路（YA07）

图5-34　泥结石路面村道

图5-35　新合场村内人行便道

⑤社会福利与保障设施：新合场村内现有1处五保家园，位于村域中部乡道酒土路（YA07）旁（便民服务中心斜对面）。该五保家园占地面积约300m²，建筑面积约240m²，层数为1层，设计户数3户。

3）基础设施[①]

①交通设施：新合场村机动车道路总长度7.3km，包括3.8km乡道和3.5km村道；村内未设农客停靠点（图5-33～图5-35）。

对外交通方面，乡道酒土路（YA07）北—西南向经过村域，向北于坝周村北部边界处接入县道余五路（XA80），向西南于冷玉山社区接入省道丰彭路（S406），村内段长度3.8km，路面宽度为3.5m，部分路段路面破碎严重。

村内道路方面，新合场村水泥硬化村道新周路长度为0.5km，路面宽度为

――――――――――
① 资料来源：武平镇新合场村村委会。

3.5m；泥结石村道长度为3.0km，路面宽度约为3.5m。

新合场村水泥硬化人行便道长度为8km，路面宽度为1.5～2.0m。

新合场村内私家车（含面包车、货车和小轿车等）保有量约10辆，摩托车保有量约15辆。村内有往返磨刀洞社区和坝周村的农村客运车辆经过，往返路线为乡道酒土路（YA07），未在村内设固定车站，过往客运车辆招手即停，搭乘农客是村民主要的出行方式。

②供电：新合场村属龙河供电所管辖的供电片区，现已实现供电全覆盖。村内现有6台变压器，电压稳定，供电情况良好（图5-36）。

图5-36　新合场村内变压器和入户电表

③供水：新合场村内有2处饮用水水源地和6个饮水池，且村内饮水管网全覆盖。饮用水水源地分别为焦家沟饮用水水源地和板凳沟饮用水水源地。其中板凳沟饮用水水源地水流量较大，为村内4个饮水池的水源地，供应全村约70%村民用水。据村委会反映，由于2个水源地的水流量均不稳定，容易出现季节性缺水的现象。新合场村农业生产用水主要依靠天然降雨（图5-37）。

图5-37　新合场村内饮水池和饮水管道

④排水：新合场村无污水处理设施，村民采用散排的方式将生活污水就近排放到耕地里。

⑤热能：新合场村无燃气配套设施，村民生活热能均以烧柴为主，配合使用太阳能和电能（图5-38）。

图5-38 村民房顶上安装的太阳能热水器

⑥环卫：新合场村无垃圾收运设施，村民自行采用定点倾倒、不定期焚烧的方式处理日常生活垃圾。

⑦广播电视：新合场村内有1个广播播报点，暂未使用。村内约有20户村民使用有线电视收看电视节目，其余村民均使用卫星电视接收器接收电视信号（图5-39）。

图5-39 新合场村内卫星电视接收器

⑧通信：新合场村内有2台固定电话，为村委会办公电话。村内有2个手机通信基站，分别由中国电信和中国移动运营管理，手机信号全覆盖。新合场村内计算机拥有量约3台，均已接入互联网。

5.3.3 经济活动现状①

（1）发展概况

2017年，新合场村村民人均年收入约3800元，收入来源主要为外出务工和村内务农。新合场村产业发展以种植业为主，全村粮食种植面积约500亩，品种为

---

① 数据来源：武平镇新合场村村委会。

玉米，年产量约200t，年产值约32万元；蔬菜种植面积25亩，其中10亩为规模种植，散户种植蔬菜约15亩，主要品种为土豆和白菜，年产量约15t，年产值约2.5万元；油茶种植500亩，暂未投产；紫薇种植400亩，为重庆凯圣牡丹产业有限公司在村内流转用地，暂未投产；紫菀种植约100亩，年产值约30万元；烤烟种植面积1100亩，年产量约138t，年产值约275万元；核桃种植1200亩，间种于耕地内，2016年初栽种，预计3～5年投产；养殖业方面，生猪年出栏量3100头，其中2500头为养殖场养殖，总年产值约634万元；鸡鸭年出栏量约1600只，年产值约12万元；肉牛年出栏量150头，年产值75万元；羊年出栏量1000只，年产值约84万元（表5-14、图5-40）。

二产方面，新合场村现无工矿企业或相关产业项目。

三产方面，新合场村内有2家便利店，总年产值约4万元。

新合场村农业生产情况表　　　　　表5-14

产品类型	种类	合计产量	年产值（万元）	用途	组织形式
粮食	玉米	200t/年	32	80%自用，20%出售	村民自家种植
蔬菜	土豆、白菜	15t/年	2.5	均自用	村民自家种植/规模种植
油料	油茶（未投产）	—	—	均出售	村民自家种植
	紫薇籽（未投产）	—	—	均出售	规模种植
中药材	紫菀	—	30	均出售	村民自家种植
禽畜	生猪	3100头/年	634	10%自用，90%出售	村民自家饲养/规模饲养
	鸡鸭	1600只/年	12	60%自用，40%出售	村民自家饲养
	肉牛	150头/年	75	均出售	村民自家饲养
	羊	1000只/年	84	5%自用，95%出售	村民自家饲养/规模饲养
烟	烤烟	138t/年	275	均出售	村民自家种植
水果	核桃（未投产）	—	—	—	村民自家种植

图5-40 新合场村内种植的烤烟和玉米

（2）产业项目

第一产业：新合场村内有3家养羊场（图5-41），共养羊约700只，总年产值约59万元。其中，唐文发养羊场位于村域中部，占地面积300m²，养羊400余只，采用放养的方式养殖，羊的生长周期较长，年产值约34万元；秦德忠养羊场位于村域西北部，占地面积约100m²，养羊100余只，采用放养的方式养殖，年产值约8万元；徐启德养羊场位于村域北部，占地面积约100m²，200余只，采用放养的方式养殖，年产值约17万元。

图5-41 新合场村内养羊场

新合场村内有1家养猪场（图5-42）——丰都县五指山养殖场，位于村北部乡道酒土路（YA07）旁，占地7000m²，养殖生猪，年出栏年约2500头，年产值约500万元。

图5-42 丰都县五指山养殖场

　　丰都县新合场育苗工场（图5-43）位于村域中部乡道酒土路（YA07），占地面积2000平方米，由中国烟草创办，主要用于培育烟苗。该育苗工厂每年培育烟苗一次，培育的烟苗以30元/亩的价格将烟苗出售给附近的烟农。

图5-43　丰都县新合场育苗工场

　　新合场村村民散种油茶面积约500亩，目前暂未投产，预计2019年丰产。油茶种植技术由丰都县森林经营所提供，村民自家种植，产品由丰都县森林经营所统一收购（图5-44）。

图5-44　村内种植的紫薇（左）和油茶（右）

　　重庆凯圣牡丹产业有限公司在村内流转约400亩耕地，流转租金350元/亩·年，用于种植牡丹、紫薇和向日葵等油类作物，目前还未投产。
　　新合场村内种植紫菀约100亩，由太极集团指导村民种植，产品由太极集团回收，年产值约30万元；村民杨礼正在村内流转约10亩耕地，用于种植白菜，目前暂未投产。
　　第三产业：新合场村有2家便利店。其中，王成周便利店位于新合场村集中居民点内，从业人数1人，年产值2万元；唐文金便利店（图5-45）位于村域中部乡道酒土路（YA07）旁，从业人数1人，年产值2万元。

图5-45　唐文金便利店

（3）特色产品

新合场村内种植油茶约500亩，种植牡丹、紫薇等约400亩，目前均未投产。油茶别名茶子树、油茶树、白花茶，属茶科，常绿小乔木，因其种子可榨油，故而得名。茶油色清味香，营养丰富，耐储藏，是优质食用油。茶油也可作为润滑油、防锈油用于工业。茶饼既是农药，又是肥料，可提高农田蓄水能力和防治稻田害虫。果皮是提制栲胶的原料。

牡丹籽油是由牡丹籽提取的木本坚果植物油，是中国特有油类，因其营养丰富而独特，又有医疗保健作用，被有关专家称为"世界上最好的油"，是植物油中的珍品，也是中国独有的保健食用油脂。此外，紫薇籽有也属于保健食用油脂。

5.3.4　相关规划及主要管制要求

（1）相关规划要求

1）《重庆市丰都县城市总体规划（2003～2020年）》（2007年局部修改）

根据《重庆市丰都县城市总体规划（2003～2020年）》（2007年局部修改），新合场村所属的武平镇为一般集镇（与当地特色经济相匹配的服务型综合集镇），未在新合场村布局城镇建设用地、大型交通设施、市政基础设施。

2）《重庆市丰都县武平镇总体规划（2014～2030）》

根据《重庆市丰都县武平镇总体规划（2014～2030）》，新合场村为武平镇村镇体系布局中的基层村，规划人口规模为1000人，依托现有资源，以农副产品规模生产及牧业开发为主，同时发展特色旅游开发及旅游服务接待功能，打造成为混合型经济的典型村庄。城镇空间结构体系中，新合场村位于武平镇"一带、两轴、四片"城镇空间结构中的北部片区，以发展药材、生态林、畜牧业和矿产业为主；产业发展布局方面，新合场村位于牧业饲养区，重点加强对各村畜牧业发展工作的指导和草场建设，解决牲畜后续饲草问题，加大畜群结构调整，进行畜种改良，提高牲畜的生产能力，对产品进行深加工，形成成品进入市场，提高产品附加值。

3）丰都县专业专项规划

①《重庆市丰都县旅游业发展规划（修编）（2016～2025）》

根据《重庆市丰都县旅游业发展规划（修编）（2016～2025）》，新合场村所属的武平镇位于丰都县南部山地休闲度假旅游区，该区依托该片区海拔优势、地貌景观及良好的生态环境，整合片区资源，以南天湖·雪玉山休闲度假区建设为核心，树立"南天湖·雪玉山"度假品牌形象。以景观为引领，以交通为依托，突出各个乡镇特色，进行"吃、住、行、游、购、娱"全配套协作，统筹布局，强化"南天湖·雪玉山"地产经济市场拉动与休闲度假旅游功能，是丰都旅游二次崛起的主战场和旅游空间集散地。新合场村涉及坝周花海休闲主题村落和五指堡雪玉洞乡度假村两个项目。

②《丰都县旅游业发展"十三五"规划（2016～2020）（评审稿）》

根据《丰都县旅游业发展"十三五"规划（2016～2020）（评审稿）》，丰都县旅游发展围绕港城休闲娱乐、民俗文化体验、避暑休闲度假、农业生态观光等主要旅游功能，构建"一城三区多点"的全县旅游产业发展格局，实现"一城依托，三区联动，多点支撑"的旅游产业布局。新合场村所属的武平镇位于南部山地休闲度假旅游区，该区以海拔优势、地貌景观及良好的生态环境为依托，发展各乡镇特色旅游产业。新合场村未涉及具体规划项目。

③《丰都县乡村旅游发展规划（2016～2025）（征求意见稿）》

根据《丰都县乡村旅游发展规划（2016～2025）（征求意见稿）》，丰都县围绕乡村旅游扶贫，以美丽乡村建设为吸引点，以县城、景区为依托，以古村落、地质奇观、民俗文化等乡村特色资源为基础，以交通为串联，构建"一圈两带多点"的乡村旅游空间格局。新合场村所属的武平镇位于山地生态休闲度假旅游带，以山脉为纽带，依托"方斗山—七曜山—蒋家山"等山地资源，围绕一个乡村就是一个乡土游乐场、一个乡村就是一座乡村酒店、一个乡村就是一个度假综合体进行打造，重点发展养生旅游、度假旅游、森林旅游、探险旅游、山地露营旅游、研学旅游和民俗文化演艺旅游等项目。武平镇以中药养生度假为主题，作为雪玉山旅游度假区的核心集散与接待中心，带动乡村旅游发展。新合场村未涉及具体规划项目。

④《重庆市生态保护红线划定方案（征求意见稿，20160316稿）》

根据《重庆市生态保护红线划定方案（征求意见稿，20160316稿）》，在重庆市生态功能自然地理划分方面，新合场村属于渝东南山地生物多样性维护生态保护红线区。根据"重庆市生态保护红线新版数据"，新合场村西北部和东南部涉及重点生态功能区红线。

4）土地利用规划

根据国土部门《丰都县武平镇土地利用总体规划（2006~2020年）》，新合场村内规划土地用途分区包括基本农田保护区、一般农地区、村镇建设用地区、生态环境安全控制区、林业用地区、其他用地区六个类型，村内未布局有条件建设区。具体面积及占比见表5-15，规划土地用途空间分布情况如图5-46所示。

新合场村规划土地用途统计表　　　　　　表5-15

规划土地用途	面积（hm²）	占比（%）
基本农田保护区	248.00	20.01
一般农地区	70.14	5.66
村镇建设用地区	16.57	1.34
生态环境安全控制区	640.37	51.66
林业用地区	227.97	18.39
其他用地区	36.43	2.94
合计	1239.48	100.00

注：本表来源于国土部门《丰都县武平镇土地利用总体规划（2006~2020年）》中"武平镇土地用途分区面积统计表"，由于数据格式和计算方法的差异，村域面积合计与本次分析采用的GIS计算面积存在差异。

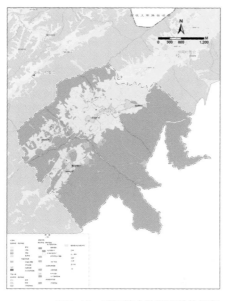

图5-46　武平镇土地利用总体规划
（2006~2020年）新合场村部分

（2）主要管制要求

根据各部门提供资料和实地踏勘可知，新合场村内涉及的管制要素包括：规划基本农田保护区、Ⅱ级保护林地、农村饮用水源保护区、公路防护范围、历史洪水淹没范围，其各自的管制要求见表5-16，空间分布如图5-47所示。

新合场村主要管制要素情况表　　　　　　　　　　表5-16

序号	管制要素	要素含义及管制要求	来源依据
1	规划基本农田保护区	根据《丰都县土地利用总体规划（2006~2020）》，基本农田保护区是指为对耕地及其他优质农用地进行特殊保护和管理划定的土地用途区，其管制规则为：①区内土地主要用作基本农田和直接为基本农田服务的农田道路、水利、农田防护林及其他农业设施；区内的一般耕地，应按照基本农田管制政策进行管护；②区内现有非农建设用地和其他零星农用地应当整理、复垦或调整为基本农田，规划期间确实不能复垦或调整的，可保留现状用途，但不得扩大面积；③禁止占用区内土地进行非农建设，禁止在基本农田保护区内建房、建窑、建坟、挖砂、采矿、取土、堆放固体废弃物或者进行其他破坏基本农田的活动；禁止占用基本农田发展林果业和挖塘养鱼；④基本农田保护区内，严禁安排城镇村建设用地和未列入项目清单的其他非农建设项目。⑤在不突破多划的基本农田规模的前提下，列入项目清单的建设项目占用基本农田时不再补划，简化相应用地报批程序。 同时，根据《基本农田保护条例》，基本农田保护区内的保护包括：①任何单位和个人不得改变或者占用基本农田。国家能源、交通、水利、军事设施等重点项目建设选址无法避开基本农田保护区，需要占用基本农田，涉及农用地转用或者征用土地的，必须经国务院批准。②禁止任何单位和个人在基本农田保护区内建窑、建房、建坟、挖沙、采石、采矿、取土、堆放固体废弃物或者进行其他破坏基本农田的活动	《丰都县土地利用总体规划（2006~2020）》《基本农田保护条例》[①]
2	Ⅱ级保护林地	根据《全国林地保护利用规划纲要（2010~2020年）》，对Ⅱ级保护林地实施局部封禁管护，鼓励和引导抚育性管理，改善林分质量和森林健康状况，禁止商业性采伐。除必需的工程建设占用外，不得以其他任何方式改变林地用途，禁止建设工程占用森林，其他地类严格控制	《全国林地保护利用规划纲要（2010~2020年）》
3	农村饮用水源保护区	根据《重庆市饮用水水源污染防治办法》（重庆市人民政府令第159号），在地下水饮用水源准保护区内禁止下列行为：①利用污水灌溉农田；②利用土壤净化污水；③施用高残留或剧毒农药；④利用渗水层孔隙、裂隙、溶洞以及废弃矿坑储存石油、放射性物质、有毒化学品、农药等；⑤利用溶洞、渗井、渗坑、裂隙排放、倾倒含病原体的污水、含有毒污染物的废水或者其他废弃物；⑥使用无防止渗漏措施的沟渠、坑塘等输送或者贮存含病原体的污水、含有毒污染物的废水或者其他废弃物	《重庆市饮用水水源污染防治办法》（重庆市人民政府令第159号）
4	公路防护范围	据《公路安全保护条例》（2011年7月1日起执行），划定公路建筑控制区的范围，从县道酒土路（YA07）用地外缘起向外划定不少于10米的公路建筑控制区范围。 在公路建筑控制区内，除公路保护需要外，禁止修建建筑物和地面构筑物；公路建筑控制区划定前已经合法修建的不得扩建，因公路建设或者保障公路运行安全等原因需要拆除的应当依法给予补偿；在公路建筑控制区外修建的建筑物、地面构筑物以及其他设施不得遮挡公路标志，不得妨碍安全视距	《公路安全保护条例》

① 资料来源：1988年12月27日国务院令第257号。

续表

序号	管制要素	要素含义及管制要求	来源依据
5	历史洪水淹没范围	新合场村内的历史洪水淹没范围是历史上发生过洪水的区域，根据村委会提供的信息进行绘制。由于该区域尚无防洪工程设施保护，故参照《中华人民共和国防洪法》的内容，以该法中对洪泛区的管理要求作为历史洪水淹没范围的管制要求，具体如下：在洪泛区内建设非防洪建设项目，应当就洪水对建设项目可能产生的影响和建设项目对防洪可能产生的影响作出评价，编制洪水影响评价报告，提出防御措施	《中华人民共和国防洪法》（1997年8月29日第八届全国人民代表大会常务委员会第二十七次会议通过，1998年1月1日起施行，2015年4月24日修正）

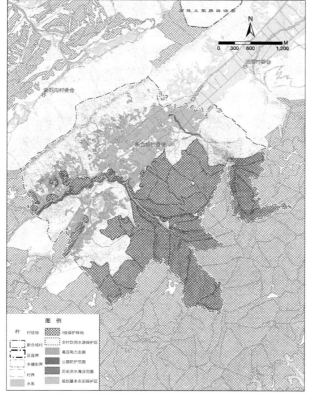

图5-47　新合场村主要管制要求示意图

5.3.5　发展条件评价分析

（1）优势

1）自然资源丰富，生态环境良好

村内拥有大面积的森林面积，约占全村面积的70%，林地资源丰富，植被覆盖率较高，空气负氧离子含量高，自然风景优美、气候舒适宜人、生态环境优良，适合各种生态经济的开发和建设。

2）水源充沛，为居民生产生活提供了基本保障

村内水源充沛，两条水系贯穿全村，为农业灌溉和村民饮水提供了保障。

3）农田广袤，乡村印象突出

新合场村中部地势平坦，耕地连片，田园阡陌，与错落的村庄，辛勤劳作的村民，具有突出的乡村景象，具备发展现代农业和休闲农业的农业基础保障。

（2）劣势

1）村域产业以传统农业为主，产业基础薄弱

村内产业以传统种养殖为主，农业开发处于初级阶段，没有良好的产业带动

经济的发展。

2）村庄环境不佳，建筑风貌多样

新合场村庄建设没有合理的规划引导，建设杂乱无序、零散分布，部分占用农业用地建设。村内建筑年代和风貌差异较大，且存在大量危旧房和土坯房，人居环境较差。

3）配套设施落后，有待完善

新合场村内交通线路单一，道路系统不完善，生产耕作不便。体育健身、文化活动等公共服务缺乏，村民生活质量低下，亟需结合集中居民点完善各类配套设施。

4）人口流失严重，专业人才匮乏

村内人口呈现净流出状态，人口流失限制了复合产业的发展，反过来难以吸引青年人才留在本村，更难吸引外来的人力资源为本村的发展做出贡献。乡村产业的发展亟需大量专业人才，新合场村应完善培养本土人才的教育体系。

（3）机会

2017中央1号文件《关于深入推进农业供给侧结构性改革 加快培育农业农村发展新动能的若干意见》提出乡村发展应做大做强优势特色产业。建设现代农业产业园。以规模化种养基地为基础，依托农业产业化龙头企业带动，聚集现代生产要素，建设"生产＋加工＋科技"的现代农业产业园，发挥技术集成、产业融合、创业平台、核心辐射等功能作用。科学制定产业园规划，统筹布局生产、加工、物流、研发、示范、服务等功能板块。

国家十九大报告提出乡村振兴战略，坚持农业农村优先发展，按照产业兴旺、生态宜居、乡风文明、治理有效、生活富裕的总要求。

国家政策对农业、乡村旅游业的重视对其他相关产业具有带动作用，对产业结构具有优化作用，对剩余劳动力具有吸纳作用。新合场村正面临农业升级调整的重大战略机遇。

（4）挑战

目前新合场村产业以农业产业为主，大部分的农民以传统种养殖为主要的经济来源，经济发展受到规模、技术等方面的制约，村内现已有企业化农业公司的入驻，因此，如何借助企业的带头作用实现农业规模效益，如何将农业产业与旅游产业有机的结合实现"以游促农，以农促游"的双赢格局是新合场在发展过程中面临的重要挑战。

（5）对策

1）升级农业产业，延长农业产业链

依托良好的农业基础，调整以传统种养殖为主的农业模式，建立"一产精品化，品牌化，电商化"的经济发展构架。提升村内农产品的品质，培育优质农产品，打造高价值农产品品牌；战略性布局农产品精深加工，并结合农村电商平台，做好线上线下的营销推广，实现农产品生产、加工、销售于一体的农业产业布局。

2）调整农业产业结构，推进生态休闲农业建设

农业现代化是促进农业发展的根本出路。新合场村需要加快农业产业结构调整，将村民从传统农业生产方式中解脱出来，发展现代农业。可依托村内的牡丹、向日葵、紫苑等种植，走设施化、精品化路线，择机引进国内外先进种植技术进行展示、体验，打造主题观光农园，为都市人提供了解农民生活，享受乡间情趣、学习高科技农业知识的场所。

3）加强基础设施建设，提高服务水平，创造良好的乡村生产生活环境

优化交通可达性及便利性，农业区以利于耕作、便于生活为原则，打造现代田园方格路网，生态保护区以加强居民点与资源点的区域联系为主，形成森林观光路线。

5.3.6　产业发展规划

新合场村处于丰都县东南部七曜山山脉，地理位置偏僻，村内南北区域为高山林地，山峦秀美，中部为平坦耕地，民居院落星罗棋布，田园阡陌，河流穿梭，乡村农业景观与山体自然景观相映成趣。村内现状产业以油茶及牡丹籽等油类作物为主，已有规模企业形成，农业生产基础较好，因此，保护生态环境，守住农业生产底线，发展生态农业、现代农业是新合场农业生态型高山村的主要发展方向。

（1）产业发展思路

合理利用新合场村农业用地，按照农业规模化、现代化、特色化思路，将生态农业发展与全镇的经济、社会、城市发展相关联，以乡村农业为核心，建设现代农业园区，将自然、生产、科研、休闲、农业旅游融为一体。通过衍生农业产业链，与农副产品加工、旅游业等结合获取更大的经济效益。

（2）产业发展策略

1）农业产业化

改变传统农业生产方式，立足村内资源优势，调整农业结构，保护生态环

境，走生态农业产业化之路，实现农业可持续发展。以市场为导向，以农户为基础，以龙头企业为依托，以经济效益为中心，以系列化服务为手段，实现种养加产、供销、农工商一体化经营。

2）农业旅游化、现代化

植入旅游开发理念，以市场为导向，将农业生产各环节与旅游相结合，推出观光农业、休闲农业、科普农业、参与体验性农业、发展绿色农产品示范等农业旅游产品。

3）农业规模化、生态化、科技化

通过土地整理和土地流转，将新合场村土地集中化，进而产业化，有效提高土地效能。发展规模化特色农业，推广现代化农业技术，利用高科技手段和管理方法发展无公害农产品，提高产业的知名度。

（3）产业发展目标

规划以新合场乡村风貌、农业资源、林木资源为基础，通过"三生"（生产、生活、生态）、"三产"（农业、加工业、服务业）的结合共生，实现农业生产、农业科研、农业教学、农业推广、农业休闲、田园居住等复合功能，打造丰都南部山区现代农业示范园区。

（4）产业布局

依托村域现状资源分布特征将新合场村划分为两大板块，包括海拔1300m以下的农业板块与海拔1300m以上的生态保护板块。

农业板块拥有近5000亩耕地，该区域以农业生产为首要任务，延伸农业产业链，在现有农业资源基础上进行深化优化和提升，开拓生态农业、现代农业发展模式。规划农业板块形成"一心四区"的结构。

"一心"以便民中心为基础，提升完善农业管理服务、信息宣传、教育培训等功能，同时设置农产品销售中心，设立电子商务交易平台，形成新合场村产业发展服务中心。

"四区"为分别沿酒土路（YA07）、赖丰路形成现代农业示范区、高山种养示范区、产品加工及物流园区、现代农业休闲区。

现代农业示范区：规划在现有的粮油种植基础上完善相应的农业基础设施，通过土地整治，不断提高农业灌溉面积，为改良农产品快速推广、快速生产、快速产生效益提供硬件保障。以市场为导向选择优良油菜、玉米等具有一定科技含量项目。该区域规划具体项目包括高标准农田（粮油）示范区、蔬菜种植基地、景观农业示范区、农业科研基地、标准化育苗中心、粮油种植示范区、田园居住区、农产集市。

现代农业休闲区：以凯圣牡丹产业为依托，大力发展具有参观游览价值的牡丹、向日葵、紫苑等产业，结合乡村休闲、旅游接待设置油茶园、牡丹基地、紫苑基地、向日葵基地、采摘体验区、农耕体验园、花田农家、花海庄园等项目。

高山种养示范区：规划在赖丰路两侧区域发展高山核桃种植，生态养殖业，具体项目包括高山核桃生产基地、核桃标准化种植区、生态牛羊养殖基地、天坑观赏区。

产品加工及物流园区：以核桃挑拣包装、粮食产品初级加工、油类（牡丹籽、葵花籽、菜籽）压榨等精深加工为主，主要包括农产品加工示范区、成品仓库区、物流管理中心，结合电商平台，将农产品进行线上线下销售推广，走高溢价之路；

生态保护板块为村内海拔1300m以上的高山区域，属于生态敏感区，以生态保护、旅游观光、生态游览为主（图5-48）。

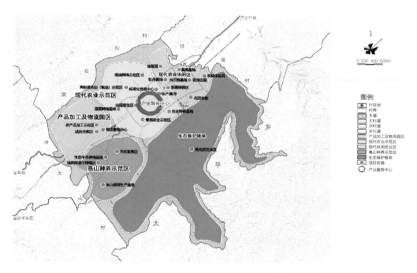

图5-48 新合场村产业布局规划图

5.3.7 居民点规划

（1）居民点分布现状

新合场村现状居民点用地面积27.06hm²，共312户，764人，现状人均居住用地面积达到354m²，居民点主要分布酒土路（YA07）、赖丰路两侧海拔1300m以下的地区，呈现大分散、小集中的特征。

（2）居民点布局思路

按照生态农业主导型高山村布局理论，结合农田分布情况，按照不超过

4～5km的耕作半径，适度集中过于分散的居民点，拆小院并大院，通过集体建设用地整理、调整，在村域内合理规划集中居民点，为逐步引导农民逐步向集中居民点聚集，形成梯次合理的村落布局。居民点的选择应尽量在现状建筑比较集中的区域，尽量靠近公共服务设施，尽可能避开林地、耕地。集中居民点建设要尊重农民习俗，维护农民合法权益。

（3）居民点布局

结合村域现代农业产业布局，对现状农村居民点进行调整。保留现状酒土路沿线徐家院子、新合场两个居民点以及赖丰路沿线枫木院居民点，以见缝插针与新建相结合的形式建设3个集中居民点（图5-49，表5-17）。

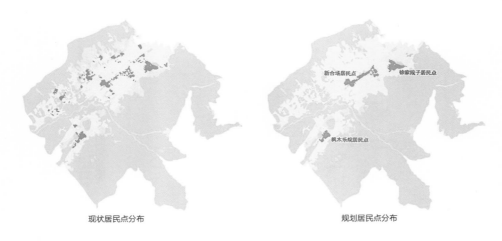

现状居民点分布　　　　　规划居民点分布

图5-49　新合场村拆小院并大院居民点调整图

新合场村居民点规划汇总表　　　　　　　　表5-17

序号	用地名称	用地面积（hm²）
集中居民点		15.84
1	新合场居民点	7.57
2	徐家院子居民点	5.33
3	枫木院居民点	2.94

（4）用地标准

根据《重庆市土地管理规定》的相关规定，主城区外宅基地标准为每人20～30m²。3人户以下按3人计算，4人户按4人计算，5人以上户按5人计算。

（5）居民点等级

按照"村级中心——次级中心——一般居民点"三级布置居民点，其中新合场居民点为村级中心，徐家院子居民点为次级中心、枫木院居民点为一般居民点。

1）村级中心（新合场居民点）

位于酒土路沿线，地势平坦，交通便利，临近村委会，生产生活基础条件优越，规划作为新合场村主要集中安置居民点，建设用地规模7.57hm²。配置便民中心、放心店、多功能活动室，优化升级健身活动广场，配套相应的健身设施，新建农产集市，同时配套农业咨询、服务交易平台、垃圾收集点、公共厕所、停车场等设施，作为村域产业服务的保障。

2）村级次中心（徐家院子居民点）

位于酒土路南侧现代农业休闲园内，建设用地规模为5.33hm²，结合休闲产业的需求，以村民安置、农家接待为主，配置活动广场、放心店、垃圾收集点、公共厕所等设施。

3）一般居民点（枫木院居民点）

位于赖丰路沿线，建设用地规模为2.94hm²。配置垃圾收集点、公共厕所放心店、停车场等设施（图5-50）。

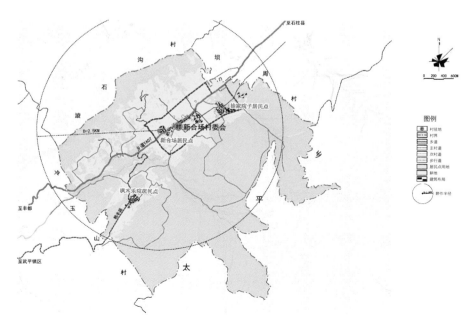

图5-50　居民点布局规划图

5.3.8 道路交通规划

（1）道路交通规划

1）对外交通规划

乡道酒土路（YA07）：新合场村主要对外交通，向北于坝周村北部边界处接入县道余五路（XA80），向西南于冷玉山社区接入省道丰彭路（S406），路面宽度为3.5m，现状部分路段路面破碎严重，规划结合产业发展需求拓展路面宽度至7～9m，采用沥青路面。

2）内部交通

新合场村现状道路水泥硬化程度低，路面窄，以乡道酒土路（YA07）为基础向周边居民点延伸。呈典型的"一字形"路网：根据地形地貌变形为曲线或折线型。主要道路沿新合场村河谷延伸，形成带状线性交通带。居民点和耕地主要沿道路两侧分布，通过道路连接村民主要生活空间和生产空间。规划以现状为依托，结合现代农业园区建设，加强机耕道生产道路建设，在农业版块围绕核心田园形成网格路网，与农业园区、居民点紧密结合，以满足农业生产和旅游休闲需求。

村内主要道路规划宽度6～7m，路面为沥青路面，并在坡陡、弯急处加装道路缓冲带、护栏。

次要道路为机耕路、生产道路，规划宽度3.5～4.5m，路面为沥青路面，在转弯处设置防护栏。道路交通规划图如图5-51所示。

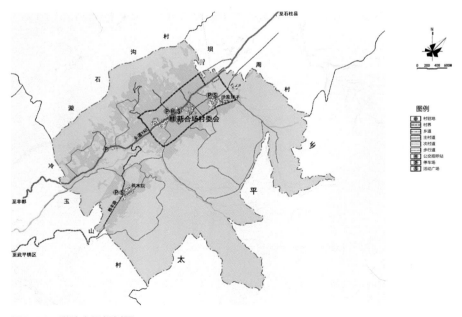

图5-51 道路交通规划图

3）步行交通体系

规划以现代农业园区网格路网为核心，向周边高山生态保护区形成放射型观光旅游路线，开拓休闲探秘路径，作为户外探险、科考等活动路线。

（2）交通设施规划

规划新增1处农村客运招呼站，位于新合场居民点以方便村民及游客出行；规划4处停车场，分别位于新合场居民点、产品加工及物流园区、现代农业休闲区、枫木院居民点。

5.3.9　公共服务设施规划

（1）公共服务设施现状

按照《重庆市城乡公共服务设施规划标准》（DB50/T 543-2014），新合场村内基本公共服务设施包括便民服务、教育设施、医疗卫生、社会福利与保障设施等，总体来看，商业设施、文化与体育设施较为缺乏（表5-18）。

新合场村公共服务设施现状情况　　　表5-18

设施项目	配置情况	配置特征
村便民服务中心	用地面积约680m²（含小广场），建筑面积240m²	村一站式服务大厅（含群众工作、计生工作等窗口）、农家书屋、多功能活动室和办公室于一体，便民服务中心小广场的配套有篮球场、乒乓球台供村民娱乐和健身
村卫生室	新合场村卫生室	位于村便民服务中心内，配有医护人员1人，床位数3个
基础教育设施	小学1所（设有1个幼儿班）	武平镇坝周完全小学校，占地面积5200m²，建筑面积1300m²。为六年制完全小学，设6个小学班。设有1个幼儿班，有学生31人，无专职幼师，由该校小学老师兼职任教
社会福利与保障设施	五保家园	占地面积约300m²，建筑面积约240m²，层数为1层，设计户数3户

（2）公共服务设施配置思路

按照《保留型高山村基本公共服务设施建议》以及《生态农业主导型高山村公共服务设施配置建议》，新合场村公共服务设施构建"村级——重要居民点级——一般居民点级"三级体系，同时考虑农业转型发展现代农业、休闲农业的需求，配置相应的旅游服务设施。

（3）公共服务设施配置规划

村级公共服务设施：主要服务于全村，包括保留村内完全小学，加强幼儿园师资教育力量，升级便民服务中心及五保家园，配建农业管理服务、信息宣传、教育培训、农产品销售中心，设立电子商务交易平台。

现状便民中心设施陈旧，功能单一，规划升级应增设多功能活动室、邮政代办点、拓展活动广场、升级完善健身设施，改善村委会前广场景观环境。

重要居民点级公共服务设施：布置在规模较大的徐家院子居民点，该居民点位于酒土路（YA07）沿线现代农业休闲园内，规划基本配套设施主要服务于本居民点，包括卫生室、室外休息场地、文化活动室、（文艺活动、棋牌等）、放心店等基本公共服务设施，同时为休闲农业园区配套以游客为主的特产交易集市、农家接待、停车场等旅游设施。

一般居民点级公共服务设施：为枫木院居民点，以本居民点居民生活服务为主，配套室外活动广场、健身设施、放心店、停车场等。

另外，村级及重要居民点级均应设置垃圾收集、公厕等服务设施（表5-19，图5-52）。

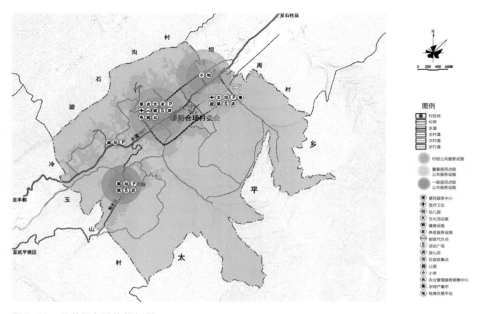

图5-52　公共服务设施规划图

新合场村公共服务设施规划一览表 表5-19

级别	服务基地	主要设施
村级公共服务设施	新合场居民点	便民中心、完全小学、幼儿园、卫生室、多功能活动室（文艺活动、棋牌、电脑室、阅览、多媒体放映等）、室外活动广场、健身设施、五保家园、放心店、邮政代办点、农业管理服务销售中心、电商交易平台、垃圾收集点、公厕
重要居民点级	徐家院子居民点	文化活动室（棋牌、文艺活动）、室外活动广场、健身设施、芳香集市、放心店、卫生室、垃圾收集点、公厕
一般居民点级	枫木院居民点	室外活动广场、健身设施、放心店、垃圾收集点、公厕

5.3.10　市政设施规划

（1）给水设施规划

1）给水量预测

给水量预测采用居民生活用水定额法计算，根据新合场村地区特征和《村镇供水工程技术规范》（SL310-2004）规定的取值范围，并结合当地经济发展规划，最高日居民用水定额取值为100L/d·人，公建用水量按上述生活用水量的5%计算，管网漏失水量和未预见水量按上述用水量之和的10%计算。预测远期全村用水量107立方米/天。用水总量不包括消防用水量，消防用水量不作为村庄供水总量计算。

2）给水系统规划

保护现状板凳沟和焦家沟2处饮用水水源地。板凳沟饮用水水源地水流量较大，现状为村内4个饮水池的水源地，供应全村约70%村民用水，规划蓄水池规模达到80m³，供应新合场、枫木院居民用水；焦家沟水源供应徐家院子居民点用水，规划规模为30m³。其他撤并的居民点蓄水池可保留，作为水源不稳定期紧急用水或者生产灌溉用水。集中居民点可采取环状供水以保证供水稳定性，局部采用枝状分布，提高供水的安全性。给水支管最小取100mm，覆盖居民点、人口密集区域及公共设施，以充分考虑村民生产生活用水及室内外消防用水等要求。设置室外消火栓，间距不超过120m，采用SS100/65型。每个消火栓的有效保护半径为150m，连接消火栓的管径不小于DN100。

3）灌排设施

规划通过村内水渠建设、雨水收集等方式，改造村内农业生产灌排一体系统。灌溉设计标准按80%保证率，抗旱天数按30d设定。以地表水为水源，逐步建立起一定标准的农业灌溉体系，保证农业板块的灌溉，提高农业抗灾能力，同时推广节水灌溉新技术新理念。

4）水源地保护

焦家沟饮用水水源地和板凳沟饮用水水源地保护范围内不得修建渗水的厕所、化粪池和渗水坑，现有公共设施应进行污水防渗处理，取水口应尽量远离这些设施。

水源保护范围内生活污水应避免污染水源，根据生活污水排放现状与特点、农村区域经济与社会条件，按照《农村生活污染技术政策》（环发［2010］20号）及有关要求，尽可能选取依托当地资源优势和已建环境基础设施、操作简便、运行维护费用低、辐射带动范围广的污水处理模式（图5-53）。

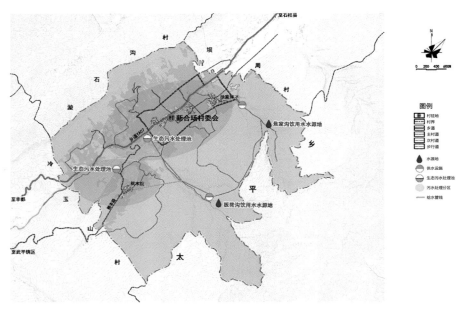

图5-53　给排水规划图

（2）排水设施规划

1）污水量预测

生活污水量取平均日用水量的90%，整个村域产生的总污水量约为95m³/d。

2）污水系统规划

规划在村域内新建2处生态污水处理池：分别位于新合场、枫木院，日处理能力分别为70m³/d、30m³/d，其余地区服务设施、农业项目等可修建化粪池或沼气池来处理污水。

3）雨水系统规划

规划疏通村域东部和西部地表河道，治理地下河入口，在农业区修建水渠进行雨水排放，或排入山坪塘作为灌溉用水，并结合道路绿化、休闲农业进行水渠景观设计；在生态保护区结合地形地势沿等高线修建截洪沟，防止山洪对人民生命财产产生威胁。对现状的泄洪通道依据相关规范予以保护。同时充分利用农业区山坪塘、洼地滞蓄洪水进行山洪防治，以减轻下游排泄渠道的负担；在建筑密集，硬化地面较多的集中居民点，雨水采用管道进行收集，辅以渗水井、沉砂池等简易雨水处理利用设施，作为地下水补水、灌溉农田水源或直接排入就近水体。

（3）电力设施规划

1）用电量预测

根据《重庆市城乡规划电力工程规划导则（试行）》的相关标准，电力负荷按600kWh/人·年进行预测，预测新合场村总电力负荷为64万kW。

2）电力工程规划

规划在居民点集中处及重要农业设施项目处新增变压器，保证供电稳定性，完善10kV网架，按照低压500m供电半径进行配变节点。新建居民点在条件允许的情况下10kV及以下等级电力线考虑下地敷设，推进农村电网改造，提高供电的安全性和经济性（图5-54）。

图5-54　电力通信及燃气规划图

（4）通信设施规划

1）需求量预测

根据《重庆市城乡规划通信工程规划导则》，通信规划需求预测标准应按新合场村固定电话安装规划普及率宜为40~60门/百人，有线电视用户应按1线/户的入户率标准进行规划。规划安装固定电话约为532门，有线电视约为312线。

2）通信设施规划

保留村内现状通信基站，新建邮政代办点，处于景观需求的考虑，可考虑在集中居民点处采用地下设置管线，并大力发展各种先进通信业务，促进农村信息化建设，加快实施宽带网入户工程，逐步实现广播、有线电视、宽带等多网合一。

（5）燃气设施规划

综合考虑原材料供应、经济性、使用规模等因素，积极发展适合农村特点的清洁能源，推广使用太阳能、沼气、秸秆气化，促进能源循环利用。

5.3.11　环境保护与防灾规划

（1）水环境保护规划

严格保护引用水源，集中式饮用水水源水质达标率100%，坚决取缔焦家沟饮用水水源地和板凳沟饮用水水源地保护区内的直接排污水，禁止有毒物质进入饮用水水源保护区，强化水污染事故的预防和应急处理，加强对水源涵养区植被的保护。

加快生态排洪沟的建设，规划采用人工湿地处理系统和净化沼气池相结合的方式处理污水，提高污水处理率，污水处理应达到《城镇污水处理厂污染物排放标准》的三级标准要求。

（2）大气环境保护规划

调整能源结构，推广使用太阳能、沼气、秸秆气化，促进能源循环利用。

提倡绿色交通，确保常规空气污染物达标。严格控制扬尘污染、工业废气污染和机动车尾气污染。

（3）植被保护规划

除规划的耕地整治建设，低产田改造项目外，加大原来的竹林、杂树林、院落附属的植物群落的保护力度，不准随便开荒种地，挖坑取土，伐砍树木，尽力保护自然的原生态植被。

（4）建设环境保护规划

进入村域的建设项目严格执行建设项目环境影响评估和环境保护制度，达到国家和地方规定的污染排放标准和总量控制要求。

（5）环卫设施建设

1）固体废物处理

①建立完善的生产、生活垃圾收集、处理体系，实现固体废物的定点收集和集中填埋，使固体废物达到无害化、减容化和资源化。

②一个集中居民点设置至少1个生活垃圾收集点，方便村民投放。全面开展整治村庄环境的脏、乱、差活动，实行垃圾袋装化管理，配备专职人员收集垃圾，采取"村分类、收集——镇中转——县处理"的模式，每天由镇里统一中转运走。

③医疗垃圾等有害废弃物必须单独收集、运输，集中到医疗垃圾处理点集中处理。

2）粪便处理

①每个集中居民点原则设置公共厕所，每厕最低建筑面积应不低于30m²，其建设、管理和粪便处理，均应符合国家有关技术标准的要求。

②加快改厕、改圈力度，将厕所和畜禽粪便排放与沼气池建设结合起来。

3）农村面源污染处理

①治理集中面源污染，推广"畜—沼—田"等能源及废弃物综合利用循环模式。

以规模化畜牧养殖场面源污染治理及"农家乐"面源污染治理为核心，以资源循环利用为重点，大力开发节约资源和保护环境的农业技术，推广废弃物综合利用技术、相关产业链接技术和可再生能源开发利用技术。积极推广生态养殖模式。

②开展对污染严重的散养户地区的污染物治理，实现沼气—家用能源—有机肥—生态农业等生态链的循环模式。

充分利用养殖资源以养生沼，为生产生活提供能源。综合利用沼气资源，以沼促种，还肥于地。实现畜禽粪便无害化和资源化，改善农村生产生活环境。鼓励农民变"三废"（畜禽粪便、农作物秸秆、生活垃圾和废水）为"三料"（肥料、饲料、燃料），改变家庭畜禽散养方式。

（6）灾害防治

1）集中居民点选址时，须避开断裂带及易发生滑坡、泥石流、地陷、地裂、崩塌的地质不良的地带。加强规划建设区内工程地质勘查工作力度，在具体工程项目规划设计之前应对潜在地质灾害进行普查和确认，并采取相应的防护措施。

2）集中居民点应定期进行消防检查，消除火灾安全隐患，通过对村民消防培训增加防火意识，按规定配置灭火器，并利用雨水收集池等方式增加火灾自救能力。

3）洪灾防治应疏通河道，兴建水渠，引导雨水收集或排放，并充分利用山前水塘、洼地滞蓄洪水进行山洪防治，以减轻下游排泄渠道的负担。设置救援系统，包括应急疏散点、医疗救护、物资储备和报警装置等。

5.3.12　乡村建筑风貌规划

（1）建筑分类控制原则

贯彻"重点保护、普遍改善、合理保留、不合理拆除"的原则，从建筑使用者的需求出发改善人居环境，从产业的长远发展出发整治村容村貌，使建筑成为乡村文化内涵与地方特色的传承与延续。

1）重点保护——村内传统风貌特征明显、建筑质量较好的传统建筑或院落。这些建筑具有鲜明的地方传统特征，具有较高建筑艺术传承及景观价值。

2）普遍改善——符合土地利用规划，传统风貌特征明显，但是建筑质量一般或者较差的建筑可以确定为改善建筑。这些建筑一般配套设施不齐全，满足不了现代生活的需求。这种改善应以满足未来发展需求为指导原则。

3）合理保留——符合土地利用规划的新建建筑，如果采用巴渝建筑形式、使用传统建筑材料，并且体现地区传统风貌，其结构较好，配套设施较为完善，建议尽量保留。

4）不合理拆除——建筑质量较差、设施落后、风貌与村落环境不相协调甚至影响村落整体风貌的建筑，应逐步引导拆除。

（2）建筑风貌控制

建筑风貌控制主要指对村内改善建筑进行功能完善和外观改造，新建建筑进行风貌指导设计。规划从现状民居样式，提炼原有文化元素，总结建筑平面、建筑外观、建筑节能等方面的特征，制定建筑设计方案，体现地域特色。

改造建筑按照提出的建筑风貌及样式对功能和外观进行改善，新建建筑严格按照提出的建筑风貌及样式进行建设，以便于乡村建筑风貌的整体协调。

1）建筑平面控制

①建筑功能空间：现状建筑人厕分离，使用不便，自发搭建的卫生间卫生条件差，且影响整体建筑风貌；厨房烟不易排出，光线差，卫生条件欠佳。新建建筑应坚持厨、卫入户，改善人们的生活质量，提升整体风貌。

②储藏：现状居民乱堆、乱放，随意晾晒现象普遍，没有一定的储藏空间，在新建建筑中应增加储藏空间，方便居民生活。

③人畜混住情况：人畜混住严重影响卫生及风貌形象，因此在风貌控制中应人畜分离，结合牛、羊、猪现状养殖技术人员及基础，选择合理的位置建设牲畜养殖场，按照户均20m²的标准配置，集中圈养，成立牲畜养殖经济合作社，形成养殖、管理、销售一体化。

④建筑平面控制：村内集中居民点以现状聚落为基础，内有大量的现状保留建筑，乡村村庄机理明显，建筑以独门独户独院为主，规划结合产业园区建设，延续传统村庄机理，按照农村建房"三开间、正堂屋、大房间"的要求进行设计，单个开间不宜大于4.2m，呈院落围合式布局；主要房间朝向尽可能向南，利于节能保暖；临街户型主要房间朝向尽可能面向街道；每户宅基地面积控制在150m²内，房内配置采光通风良好的卫生间、厨房，院内设置农机车库或储藏室，提供村民农具存放空间，院坝及二层平台兼晒场。

2）建筑外观控制

①建筑屋顶：村内现状坡屋顶和平屋顶兼半，规划新建建筑风貌控制以坡屋顶为主，延续传统民居风貌，使用坡度为50%～55%的坡屋顶，可利用坡屋顶上方的空间作为阁楼，既可存放常用的物品又可以达到保温的效果，檐口高度应该限制在12m以内。

②建筑外墙：全村约30%的建筑建造时间在20世纪80年代以前，多为2层夯土结构建筑，以木材作支撑骨架，墙体采用黏土和稻草固结夯实而成；建造时间在20世纪80～90年代的建筑主要为2层的砖混结构建筑，外墙多无装饰；2000年以后，主要分布于乡道酒土路（YA07）两侧，为2～3层砖混结构建筑，部分外墙贴有瓷砖。2014年，村委会按自愿的原则对部分房屋进行了风貌改造，改造后的房屋墙体涂料以白色为主，辅以橘红色方格，样式统一，较为美观。规划新建建筑外墙应尊重现状传统建筑风貌，以简洁的白色、浅黄色作为主要色调，以木色的线条和线脚装饰使其与传统民居风貌相协调，尽可能少用面砖、马赛克等材料。

③门窗

村内现状传统建筑为木质门窗，近年新建建筑多为铝合金玻璃窗以及卷帘门，门窗样式多且风貌不统一，对新合场村传统建筑风貌破坏较大，规划新建建筑门窗应力求统一协调，窗户的品种不宜太多，以木质门窗或者仿木门窗为主，挖掘传统民居上的门窗花纹装饰符号，丰富立面效果，突出地域特色。

④外廊

村内现状建筑外廊包括传统建筑的木廊及近年新建建筑的欧式风格外廊，规划新建建筑选取较为简洁的分格式栏杆为建筑构件，彰显川渝民居特色。禁止使用欧式花瓶柱、不锈钢等光面材料。

⑤建筑材质

拆除现状建筑的彩钢屋顶、石棉瓦等，新建建筑禁止使用石棉瓦、彩钢瓦等破坏风貌的材料；墙面禁止使用空心砖、直接混凝土饰面墙、彩色磁砖墙等影响风貌的墙面材料。风貌控制中墙面材料的使用主要凸显民居特色以及与自然、原生态风貌的协调。

⑥建筑高度的控制

现状建筑以2~3层为主，建筑高度在10m以内，规划新建建筑体量与现状保持一致，一层建筑坡屋顶层高控制在4.5~5m，两层的建筑坡屋顶层高控制在7.5~8m，三层坡屋顶层高控制在10.5~11m。

3）建筑节能环保设计

新建建筑可设置绿色屋顶以及屋顶雨水收集系统，同时增设雨水收集桶，过滤收集的雨水可用作清洁、灌溉之用。

面积为90m²、120m²、150m²的户型如图5-55~图5-61所示。

图5-55　面积90m²户型效果图

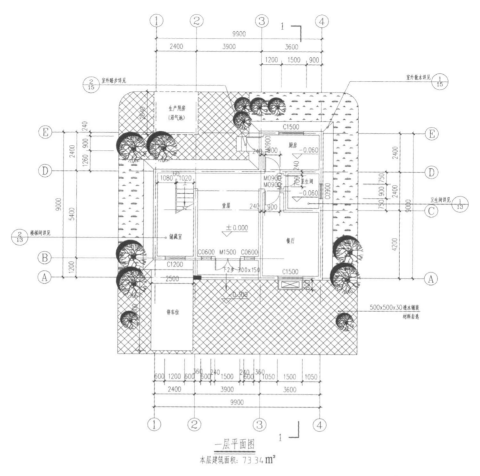

一层平面图

本层建筑面积: 73.34 m²

图5-56　面积90m²户型首层平面图

图5-57　面积120m²户型效果图

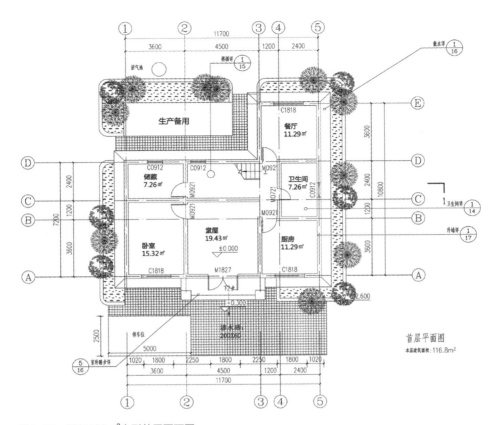

图5-58　面积120m²户型首层平面图

图5-59　面积150m²户型效果图

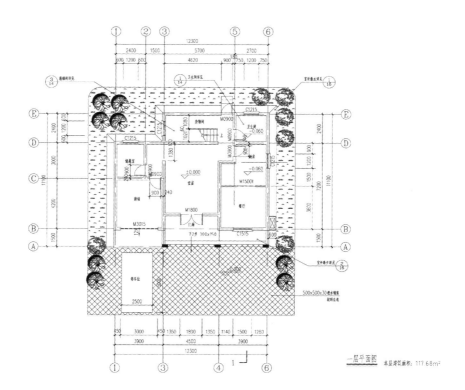

图5-60　面积150m²户型首层平面图

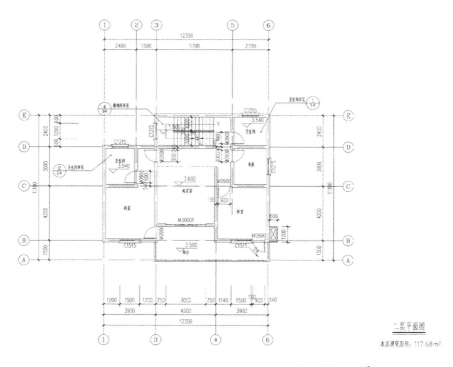

图5-61　面积150m²户型二层平面图

5.4 乡村旅游主导型高山村——塔水村村规划

5.4.1 区位及资源概况

（1）区位条件

1）地理区位——三区交界，地理中心

丰都县地处三峡库区腹地和重庆市版图中心，塔水村所在的丰都县都督乡位于丰都县东南部，东临彭水苗族土家族自治县棣棠乡，南通彭水苗族土家族自治县龙射镇，西南接彭水苗族土家族自治县后坪苗族土家族乡，西部和西北部与本县暨龙镇相连，东北倚太平坝乡和石柱土家族自治县龙潭乡，同时是渝东北、渝东南交界处，是典型的高寒山村乡，总面积7518.22hm²[①]，距丰都县人民政府路程约96km，距重庆市人民政府路程约241km。

塔水村位于都督乡南部，东邻彭水苗族土家族自治县隶樨乡牌楼村，南依彭水苗族土家族自治县龙射镇沿河村和隶樨乡四坪村，西连本乡都督社区，北倚本乡沙坪村，村域面积1640.84hm²。

2）交通区位——大区域格局完善

塔水村所在都督乡向北通过省道418（S418）连接丰都，向西通过乡村道路与国道211连接（G211）（图5-62）。

村内现状对外交通以县道都彭路（XA88）为主，都彭路东西向横贯村域北部，向西延伸至都督社区并接入省道丰彭路（S406），向东过沙坪村进入彭水苗族土家族自治县棣棠乡牌楼村；此外，省道丰彭路（S406）从村域西北角穿过，由丰彭路向西可直达都督社区，向西北经后溪村和梁桥村后可通往暨龙。塔水村委会位于村北部县道都彭路（XA88）旁，距离都督乡政府路程约2.4km，距离丰都县政府路程约98.3km。

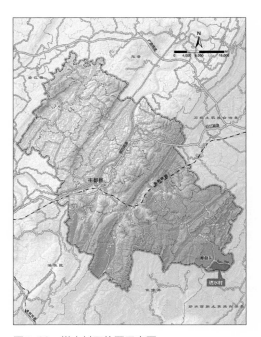

图5-62 塔水村区位图示意图

---

① 资料来源：重庆市地理信息中心。

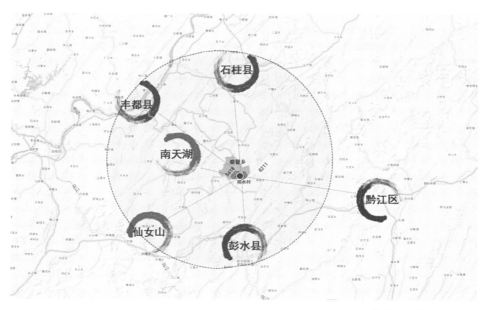

图5-63　塔水村区域旅游格局图

3）旅游区位——旅游品牌节点，区位优势突出

从区域格局分析，都督乡（塔水村）位于重庆仙女山国家森林公园、南天湖雪玉山休闲度假区、石柱黄水国家森林公园、彭水阿依河风景区、黔江小南海风景区、乌江画廊等诸多知名旅游景区的中心节点（图5-63）。

从渝东北区域来看，塔水村是渝东南进入渝东北区域、进入丰都的门户，应强化丰都南天湖·雪玉山品牌，作为渝东北国际旅游目的地与渝东南民俗生态旅游目的地的完美过渡。

从丰都县内部来看，南天湖·雪玉山度假品牌是丰都县"一城三区多点"的旅游总体格局中南部山地休闲度假旅游区的核心项目，搭建起丰都县南部与仙女山协调发展的整体格局，在此格局下强调都督乡塔水村与南天湖的对接，对打造精品化高山村乡村旅游品牌具有非常重要的意义。

（2）地形地貌

1）高程

塔水村位于七曜山余脉山地区域，整体海拔较高，地表起伏度较大。全村海拔介于748.6m至1608.3m之间，最高点位于村东北部与沙坪村交界的山顶，最低点位于村东南部与彭水苗族土家族自治县棣棠乡牌楼村、四坪村交界的河岸边（表5-20，图5-64～图5-66）。全村以山地地形为主，北部河谷区域分布有小片的坪坝。

		塔水村高程统计表	表5-20
序号	高程（m）	面积（hm²）	百分比（%）
1	<800	21.69	1.32
2	800～900	57.87	3.53
3	900～1000	75.29	4.59
4	1000～1100	178.98	10.91
5	1100～1200	284.49	17.34
6	1200～1300	360.83	21.99
7	1300～1400	408.94	24.92
8	1400～1500	226.90	13.83
9	1500～1600	25.75	1.57
10	>1600	0.10	<0.01
合计		1640.84	100.00

注：根据1∶5000数字高程模型计算得到。

2）坡度

塔水村以山地为主，地表切割程度较深，整体坡度较大。根据坡度统计分析，村内大于25°的区域占全村的63.40%，主要为村内山体陡坡区域；坡

图5-64　塔水村高程分析图

图5-65　村南部山顶远眺现状图

图5-66　村域北部坪坝区域现状图

度在15°至25°之间的区域占全村的23.76%；坡度小于15°的区域占全村的12.84%，主要为村内山体缓坡、山顶平地区域和村北部坪坝区域（表5-21，图5-67～图5-69）。

塔水村坡度分级统计表　　　　　　　　　　表5-21

序号	坡度（°）	面积（hm²）	百分比（%）
1	<5	38.51	2.35
2	5～10	67.45	4.11
3	10～15	104.72	6.38
4	15～25	389.80	23.76
5	>25	1040.36	63.40
合计		1640.84	100.00

注：根据1：5000数字高程模型计算得到。

图5-67　塔水村坡度分析图

图5-68　村内山体陡坡区域现状图　　　　图5-69　村北部河谷缓坡区域现状图

3）坡向

塔水村南部和北部山体以南地区坡向以南坡、东南坡和西南坡为主，中部山体以北区域坡向以东北坡、北坡和西北坡为主。

根据GIS数据统计，塔水村平地面积占比为0.30%；南坡、东南坡和西南坡坡向的山坡面积较大，占全村面积的比例分别为22.31%、19.81%、15.15%；西北坡坡向的山坡面积较小，占比为7.28%；其余各坡向面积占比相差不大（表5-22，图5-70）。

塔水村坡向统计表　　　　　　　　　表5-22

序号	坡向	面积（hm²）	百分比（%）
1	平地	4.96	0.30
2	北	131.77	8.03
3	东北	134.20	8.18
4	东	173.28	10.56
5	东南	324.89	19.80
6	南	366.04	22.31
7	西南	248.62	15.15
8	西	137.68	8.39
9	西北	119.40	7.28
合计		1640.84	100.00

注：根据1：5000数字高程模型计算得到。

（3）灾害情况

1）地质灾害情况[①]

据国土部门提供的"地质灾害基本信息统计表（2017年）"可知，塔水村内无地质灾害隐患点。

---

① 资料来源：丰都县国土局。

图5-70　塔水村坡向分析图

2）洪灾情况

据塔水村村委会提供的信息和实地踏勘，村内河流水系未发生过较大洪水灾害。

（4）资源情况与人文历史

1）气候条件①

塔水村所在的都督乡属亚热带湿润季风气候区，森林资源丰富，水资源不足。年最高温度25℃，最低温度–6℃，平均气温低，霜冻期长，气候潮湿，属典型的高寒山区乡。

2）风貌景观

塔水村以山地及谷间坪坝为主，山峦叠嶂，大小山体对峙辉映，山间云雾缭绕，山峦时隐时现，景色奇美壮观；村域中部塔水湖种植有成片的莲藕，荷花盛开时，观赏价值较高（图5-71）。

3）林木资源

塔水村内林地覆盖面积达1359.54hm²，占全村面积的82.85%，主要为乔木林，多分布于村内山坡上。

---

① 资料来源：《重庆市丰都县都督乡城乡总体规划（2011–2030）》。

图5-71　村东部山体景观远眺、塔水湖种植的莲藕现状图

4）矿产资源

塔水村石灰石资源储量大、质量好，石灰石可做优质水泥生产原料和混凝土骨料。依靠矿产资源，本村村民于湛家坪开办有一处采矿厂。

5）人文资源

塔水村现存有4处人文资源，分别为——塔水寺、陈硝寺、静安大和尚墓和灯塔炼铁遗址。其中塔水寺、陈硝寺和静安大和尚墓对研究当地宗教习俗及建筑艺术风格有重要价值；灯塔炼铁遗址为新中国成立初期大炼钢铁所存遗迹，现已荒废。

①塔水寺：位于塔水村1社，是一处典型的晚清时期寺庙建筑。该寺庙座东南朝西北，为悬山顶抬梁穿斗式木结构，青瓦覆顶，由前殿、后殿、左右厢房组成。前殿面阔五间17m，进深4.5m；后殿面阔五间17m，进深9m；厢房面阔1间4.7m，进深4.8m，通高6.3m（图5-72）。2009年第三次全国文物普查时确认为文物保护点。

图5-72　塔水寺现状图

图5-73　静安大和尚墓现状图

②静安大和尚墓、陈硝寺：位于塔水村2社，静安大和尚墓是一处清中期嘉庆年间的得道高僧墓葬，以陈硝寺供奉之。该墓为宝塔式建筑，共有四层，下三层均为八边行，每边上有檐角，第四层为球形状，在下面底层正南方是正门，上面刻有"嘉庆元年七月十五日立"、"双林树下多劫修，圆满功德塔里住"、"灵山塔"等碑文，第二层上刻有"南、无、阿、弥、陀、佛、福"七个大字，第三层刻有佛像，两侧有花草（图5-73）。2009年第三次全国文物普查时确认为文物保护点。

5.4.2　人口、用地与建设

（1）人口现状[①]

1）户籍人口：截至2017年底，塔水村共有户籍人口667人，户数210户，户均3.18人，户籍人口男女比例约为115：100。户籍人口中有苗族人口10人。

2）常住人口：截至2017年底，塔水村共有常住人口536人。

3）人口流动：塔水村户籍人口中，外出常住村外的有131人，外出原因以务

① 资料来源：都督乡塔水村委会。

工和经商为主，其中务工人数约占90%。无村外户籍人口至村内常住。全村人口呈净流出状态，总净流出人口[①]131人，约占户籍人口的19.64%。

4）年龄结构：塔水村户籍人口中，19岁以下的人口占比为21.89%，19～60岁的人口占比为46.93%，61岁及以上的人口占比为31.18%；常住人口中，19岁以下的人口占比为24.63%，19～60岁的人口占比为38.06%，61岁及以上的人口占比为37.31%（表5-23，图5-74）。总体来看，村内老龄化情况较为严重。

户籍、常住人口年龄结构表　　　　　　表5-23

人口年龄	6岁以下	6～18岁	19～35岁	36～60岁	61岁及以上	合计
户籍人口（人）	40	106	115	198	208	667
常住人口（人）	36	96	80	124	200	536
户籍-常住（人）	4	10	35	74	8	131

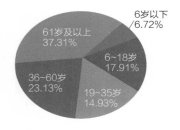

图5-74　户籍人口、常住人口年龄结构图

（2）土地利用现状[②]

根据国土部门2013年土地利用变更调查数据成果，采用GIS软件计算可知，塔水村的土地利用类型中，林地面积最大，占村域面积的比例为82.85%，广泛分布于全村各山体区域；其次为耕地，占村域面积的13.16%，主要分布于村内谷间坪坝和山体缓坡区域；草地面积较小，占比仅为1.86%，零散分布于缓坡及平地区域；村域西北部县道都彭路（XA88）旁以北区域分布有连片的园地，占村域面积的0.43%。

城镇村及工矿用地占村域面积的1.10%，其中村庄用地占比为1.10%，主要

---

① 注：净流出人口=户籍人口-常住人口。

② 资料来源：丰都县国土局。

分布于村内道路两侧；采矿用地占比不足0.01%，位于村域东北部都彭路旁，现为湛家坪采矿场采矿用地；水域及水利设施用地较少，占村域面积比例为0.60%，主要为村内河流、沟渠（表5-24，图5-75）。

塔水村土地利用变更调查地类图斑数据分类统计表　　表5-24

序号	地类		面积（hm²）	百分比（%）
1	耕地		215.84	13.16
2	园地		7.02	0.43
3	林地		1359.54	82.85
4	草地		30.45	1.86
5	城镇村及工矿用地		18.12	1.10
	其中	村庄	18.06	1.10
		采矿用地	0.06	<0.01
6	水域及水利设施用地		9.87	0.60
合计			1640.84	100.00

注：本表为GIS软件直接计算地类图斑面积，与国土部门统计方法不同，统计数字存在差异。

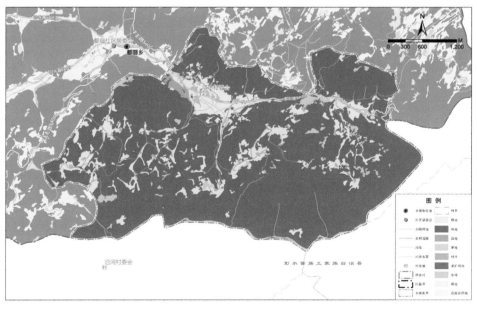

图5-75　塔水村土地利用现状分析图

（3）建筑物与设施配套

1）建筑物

①建筑用途与规模：根据1：5000地形图、1：5000遥感影像识别解译，塔水

村共有217栋建筑，均为村建筑。村建筑中，村民住宅建筑共有204栋；村庄公共服务建筑有5栋，为塔水村便民服务中心、陈硝寺卫生室、塔水村小学校（闲置）和村内2座寺庙；村庄基础设施建筑有3栋，为东洋国电站所有；设施农用建筑共17栋，为村内烤烟棚和道头坝育苗工场建筑（表5-25）。

塔水村建筑物分类统计表　　　　　　　　表5-25

建筑代码	建筑类型		建筑栋数（栋）	占比（%）
	村建筑		217	100
V	其中	村民住宅	192	88.48
		村庄公共服务建筑	5	2.30
		村庄产业建筑	0	0.00
		村庄基础设施建筑	3	1.39
		设施农用建筑	17	7.83
		其他建筑	0	0.00
N	非村建筑		0	0.00
	其中	对外交通设施建筑	0	0.00
		国有建筑	0	0.00
合计			217	100

注：本表参考住建部《村庄规划用地分类指南》对村域建筑进行分类，具体分类要求和类型含义参考《指南》说明。

②建筑年代：根据村委会提供的信息，塔水村内20世纪60年代及以前的建筑占比约为5%；20世纪70年代建筑占比约为10%；20世纪80年代建筑占比约为15%；20世纪90年代建筑占比约为30%；2000年以后的建筑占比约为40%。

③建筑风貌与特征：塔水村建筑多分布于县道都彭路（XA88）两侧及山间地势较为平缓的区域，较为零散，建筑风貌差异较大。全村约30%的住宅建造时间在20世纪80年代以前，多为2层木结构建筑，此类建筑的保存难度较大；村内20世纪90年代后的建筑主要为2层的砖混结构建筑，外墙多无涂饰，少部分外墙正面有白灰色涂面或白色瓷砖，质量相对较好；2000年以后的建筑主要分布于都彭路两侧，主要为砖混结构和钢混结构建筑，平屋顶，主要为2～3层，部分外墙为裸砖或灰色涂面，其余外墙有白色、橙色等瓷砖装饰，建筑质量较好，外观整齐美观（图5-76～图5-81）。

村内有C级危房40栋，D级危房20栋，主要分布于村域南部交通相对不便区域。另据村委会提供的信息，村内C级危房目前均已改造完毕，D级危房住房均已搬迁或重建。

图5-76　夯土结构的房屋现状图

图5-77　木结构的房屋现状图

图5-78　木结构的房屋现状图

图5-79　外墙为裸砖的砖混结构房屋现状图

图5-80　外墙有灰色涂面的砖混结构房屋现状图

图5-81 外墙为瓷砖装饰的砖混结构房屋现状图

2）公共服务设施

①公共管理和便民服务：塔水村便民服务中心位于县道都彭路（XA88）旁，占地面积600m²（含小广场用地），集村委会办事大厅、农家书屋、多功能活动室、办公室、卫生室、群众工作室于一体。其中，农家书屋建筑面积18m²，藏书量2500册，可同时容纳10人阅读。同时，便民服务中心旁的小广场的还配套有篮球场、乒乓球台供村民娱乐和健身（图5-82、图5-83）。

图5-82 塔水村便民服务中心现状图

图5-83 便民服务中心内的乒乓球台和篮球场现状图

②医疗卫生：塔水村现有都督乡塔水村卫生室和都督乡塔水村陈硝寺卫生室2个卫生室。其中塔水村卫生室位于塔水村便民服务中心内，建筑面积40m²，现有医护人员1人，床位2张；陈硝寺卫生室位于村北县道都彭路（XA88）旁，建筑面积约为50m²，现有医护人员1人，无床位（图5-84）。

图5-84　塔水村卫生室和陈硝寺卫生室现状图

③教育设施：都督乡塔水村小学位于村北县道都彭路（XA88）旁，占地面积300m²，建筑面积160m²，现处于闲置状态。村内学龄前儿童和学龄儿童多在都督乡场镇或丰都县城就读（图5-85）。

图5-85　闲置的都督乡塔水村小学校现状图

④商业金融服务设施与网点：塔水村内有3家村民经营的便利商店，无专门的金融服务网点，村民需到都督乡场镇办理存取款及其他金融业务。

3）基础设施

①交通设施：塔水村机动车道总长度约为22.3km，包括12.5km的硬化道路

和9.8km的泥结石道路。其中，硬化道路包括3km的等级道路和9.5km的村道。

省道丰彭路（S406）于塔水村西北角穿过村内，村内段长度为0.1千米，宽为6m，为泥混路面，陡崖一侧设有护栏；县道都彭路（XA88）东西向穿过村域北部，村内段长2.9km，宽6m，为泥混路面；硬化村道起于村北都彭路，向西南延伸并于都督社区接入省道丰彭路（S406），总长9.5km，宽约3m（图5-86～图5-88）。

图5-86　省道丰彭路（S406）现状图

图5-87　县道都彭路（XA88）现状图

图5-88　村中部水泥硬化路和泥结石道路现状图

目前全村私家车（含面包车、货车、小轿车等）保有量21辆，摩托车约200辆，村民出行方式以步行和自驾摩托车为主。

②供电：塔水村供电已实现全覆盖，电源来自暨龙河110kV变电站。村内现

有7台变压器，电压稳定，能够满足全村生活、生产用电需求。此外，东洋国电站位于村南部隶榷河旁，为水力发电站，发电并入国家电网（图5-89）。

　　③供水：塔水村村民生活饮用水来自村内30余口高位蓄水池，水源为山泉水；村西部三板桥饮用水源地建有丰都县都督乡饮用水蓄水池，为都督乡乡场饮用水源，在此蓄积后输送至都督乡水厂，蓄水池水源来自地下水；同时，村内烤烟地旁由烟草公司无偿修建有多个蓄水池用于烤烟地灌溉，水源为雨水和山泉水（图5-90～图5-92）。

图5-89　村内变压器和东洋国电站取水坝现状图

图5-90　村民饮用水取水口现状图

图5-91　丰都县都督乡饮用水蓄水池现状图

图5-92　烤烟地旁的蓄水池现状图

图5-93　村民家中太阳能设备现状图

　　④排水：塔水村内暂无污水处理和排水设施，村民采用散排的方式将生活污水就近排放到耕地里，对水体、土壤污染较大。

　　⑤热能：塔水村村民热能获取以烧柴为主，辅助使用电力和太阳能（图5-93）。另有10户村民主要使用液化气获取热能，液化气罐需要到都督乡场镇购买。

　　⑥环卫：塔水村暂无垃圾收集设施，村民生活垃圾均自行焚烧或掩埋。

　　⑦广播电视：塔水村于便民服务中心旁设有一处广播点，但暂未使用。村内有5户村民家中接入了有线电视，其余村民均使用卫星接收设备接收电视信号（图5-94）。

　　⑧通信：塔水村约有12户村民接入了固定电话，主要为村内留守老人使用；全村计算机保有量约8台，均已接入互联网。村内暂无通信基站，手机信号覆盖率约为40%，村内2、3、4社部分谷底区域为信号盲区。

图5-94　广播设备和卫星接收设备现状图

5.4.3　经济活动现状[①]

（1）发展概况

2017年，塔水村村民人均年收入约11000元，收入来源主要为烤烟种植和外出务工。村域经济产业以第一产业为主，第二产业和第三产业规模较小。村民生产情况见表5-26。

一产方面，塔水村年产粮食（主要为玉米）约80t，年产值约16万元；蔬菜（萝卜、白菜等）约90t，年产值约20万元；生猪年出栏约200头，年产值约60万元；鸡鸭年出栏约260只，年产值约1万元；烤烟年产量约320t，年产值约700万元；黄柏年均产量约10t，年产值约8万元。

二产方面，村内现有1家开采石灰石的矿产企业。

三产方面，村内现有3家小型零售超市，年总产值约10万元。

村民生产情况表　　　　　　　　　表5-26

产品类型	种类	合计年产量	年产值	用途	组织形式
粮食	玉米	约80t	约16万元	全部自用	村民自家种植
蔬菜	萝卜、白菜等	约90t	约20万元	全部自用	村民自家种植
禽畜	生猪	约200头	约60万元	全部自用	村民自家饲养
	鸡鸭	鸡约200只、鸭约60只	约1万元		
烟叶	烤烟	约320t	约700万元	全部出售	村民自家种植
中药材	黄柏	约10t	约8万元	全部出售	村民自家种植

---

① 资料来源：都督乡塔水村村委会。

（2）产业项目

1）第一产业：塔水村村民种植烤烟已20余年，种植技术成熟，现种植烤烟共约2300亩，年总产值约700万元。烤烟地地附近有蓄水池，均为中国烟草丰都分公司修建，用于灌溉。村民家中建有烤烟棚，村民自行将烤烟收割并烤干后，烟草公司以12~15元/斤的价格到村民家中收购（图5-95）。

图5-95　村内烤烟棚和烤烟地现状图

丰都县道头坝育苗工场位于县道都彭路（XA88）旁，为中国烟草丰都分公司所有，其培育的烤烟苗株以每亩烤烟地30元的价格出售给烟草种植户（图5-96）。

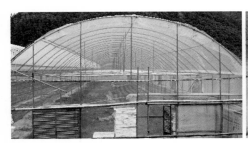

图5-96　丰都县道头坝育苗工场现状图

2）第二产业：湛家坪采石场位于县道都彭路（XA88）旁，占地面积约600m²，2016年正式投产，为村内提供了5个就业岗位，年采石量为2万t（图5-97）。

图5-97　湛家坪采石场现状图

　　3）第三产业：塔水村目前共有3家小型零售超市，村民可在此购买日常生活用品，从业人数均为1人，年总产值约10万元。村内零售小超市具体情况见表5-27、图5-98。

村内零售小超市情况　　　　　　　　表5-27

序号	商店名称	创办主体	年产值	从业人数
1	开心超市	谭义美	约4万元	1人
2	便民副食	陈文学	约4万元	1人
3	张属芳小超市	张属芳	约2万元	1人

图5-98　开心超市和便民副食现状图

（3）特色产品

　　塔水村山地气候明显，土壤以沙土和沙壤土为主，适合烤烟生长，村内烤烟种植面积2300亩。烤烟为1年生草本植物，茎高0.7～2m，叶柄不明显或成翅状柄，叶片大（图5-99）。烤烟经烘烤后由中国烟草公司统一收购，加工为各类香烟后销往全国。

图5-99　村内长势良好的烤烟现状图

5.4.4 相关规划及主要管制要求

（1）相关规划要求

1）《重庆市丰都县城市总体规划（2003～2020年）》（2007年局部修改）

根据《重庆市丰都县城市总体规划（2003～2020年）》（2007年局部修改），塔水村所属都督乡为一般集镇（与当地特色经济相匹配的服务型综合集镇），未在塔水村布局城镇建设用地、大型交通设施、市政基础设施。

2）《重庆市丰都县都督乡城乡总体规划（2011～2030）》

根据《重庆市丰都县都督乡城乡总体规划（2011～2030）》，塔水村所属的都督乡主产玉米、土豆等粮食作物和烤烟、中药材、经果以及食用菌等经济作物，是重庆市有名的烤烟生产基地。

塔水村为中心村，主要职能及发展方向为周边村服务中心，以种植以及养殖等农业和旅游服务业为主要发展方向，规划人口规模为200人。在乡域体系规划中，于村内规划有幼儿园、小学、商业设施和文化活动室；在乡域综合交通规划中，于村内规划有招呼站和停车场；在镇域居民点规划中，在村内道头坝规划有集中居民点；在乡域基础设施规划中，基础设施方面规划有配电房、污水处理池、沼气池、水厂和给水泵站，管线方面规划有给水管线、排污管线、燃气管线和电信线；乡域产业布局规划中，村内规划有中药材、烤烟、食用菌种植区和肉牛养殖区。

3）丰都县专业专项规划

①《重庆市丰都县旅游业发展规划（修编）（2016～2025）》

根据《重庆市丰都县旅游业发展规划（修编）（2016～2025）》，丰都县根据全县旅游资源禀赋、规模和组合情况以及旅游活动的规律性，结合丰都旅游发展的总体格局，形成"一城三区多点"的旅游总体发展空间结构。塔水村所属的都督乡位于丰都县南部山地休闲度假旅游区，依托该片区海拔优势、地貌景观及良好的生态环境，整合片区资源，以南天湖·雪玉山休闲度假区建设为核心，树立"南天湖·雪玉山"度假品牌形象。塔水村位于高山休闲度假体验带，涉及塔水湖休闲主题村落项目。

②《丰都县旅游业发展"十三五"规划》（2016～2020）（评审稿）

根据《丰都县旅游业发展"十三五"规划》（2016～2020）（评审稿），丰都县旅游发展以围绕港城休闲娱乐、民俗文化体验、避暑休闲度假、农业生态观光等主要旅游功能，构建"一城三区多点"的全县旅游产业发展格局，实现"一城依托，三区联动，多点支撑"的旅游产业布局。塔水村所属的都督乡位于南部山地休闲度假旅游区，该区以海拔优势、地貌景观及良好的生态环境为依托，发展各乡镇特色旅游产业。塔水村涉及都督猎奇观光旅游区组团中的塔水湖湿地休闲区项目。

③《丰都县乡村旅游发展规划（2016～2025）》（征求意见稿）

根据《丰都县乡村旅游发展规划（2016～2025）》（征求意见稿），丰都县规划以"政府引导、融合联动、特色为魂"为乡村旅游的总体发展战略，主要围绕乡村旅游扶贫，以美丽乡村建设为吸引点，以县城、景区为依托，以古村落、地质奇观、民俗文化等乡村特色资源为基础，以交通为串联，构建"一圈两带多点"的乡村旅游空间格局。塔水村所属的都督乡位于山地生态休闲度假旅游带，以山脉为纽带，围绕"方斗山—七曜山—蒋家山"等山地资源，围绕一个乡村就是一个乡土游乐场、一个乡村就是一座乡村酒店、一个乡村就是一个度假综合体进行打造，重点发展养生旅游、度假旅游、森林旅游、探险旅游、山地露营旅游、研学旅游和民俗文化演艺旅游等项目。塔水村涉及都督猎奇观光旅游区组团中的塔水湖湿地休闲区项目。

④《重庆市生态保护红线划定方案》（征求意见稿，20160316稿）

根据《重庆市生态保护红线划定方案》（征求意见稿，20160316稿），在重庆市生态功能地理划分方面，塔水村属于渝东南山地多样性维护区。根据"重庆市生态保护红线新版数据"，塔水村范围内未涉及生态保护红线。

4）土地利用规划[①]

根据国土部门《丰都县都督乡土地利用总体规划（2006～2020年）》，塔水村内规划土地用途分区包括基本农田保护区、一般农地区、村镇建设用地区、独立工矿区、生态环境安全控制区、林业用地区、其他用地区七个类型，村内未布局有条件建设区。具体面积及占比见表5-28所示，规划土地用途空间分布情况如图5-100所示。

塔水村规划土地用途统计表　　　　　　表5-28

规划土地用途	面积（hm²）	占比（%）
基本农田保护区	171.15	10.42
一般农地区	67.68	4.12
村镇建设用地区	2.63	0.16
独立工矿区	0.06	0.00
生态环境安全控制区	1093.75	66.61
林业用地区	266.51	16.23
其他用地区	40.28	2.45
合计	1642.06	100.00

注：本表来源于国土部门《丰都县都督乡土地利用总体规划（2006～2020年）》中"都督乡土地用途分区面积统计表"，由于数据格式和计算方法的差异，村域面积合计与本次分析采用的GIS计算面积存在差异。

---

① 资料来源：丰都县国土局。

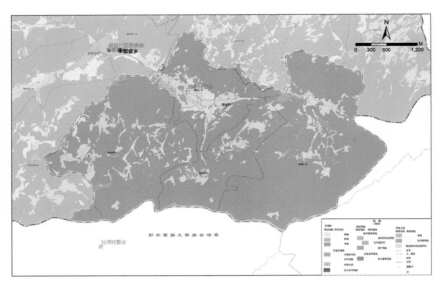

图5-100 《丰都县都督乡土地利用总体规划（2006～2020年）》塔水村部分

（2）主要管制要求

根据各部门提供资料和实地踏勘可知，塔水村内涉及的管制要素包括：规划基本农田保护区、Ⅱ级保护林地、公路防护范围和城镇供水水源保护区，其各自的管制要求见表5-29，空间分布如图5-101所示。

塔水村主要管制要素情况表　　　　　　　　　　　　　　表5-29

序号	管制要素	要素含义及管制要求	来源依据
1	规划基本农田保护区	根据《丰都县都督乡土地利用总体规划（2006～2020年）》，基本农田保护区是指为对耕地及其他优质农用地进行特殊保护和管理划定的土地用途区，管制规则为：①区内土地主要用作基本农田和直接为基本农田服务的农田道路、水利、农田防护林及其他农业设施；区内的一般耕地，应按照基本农田管制政策进行管护；②区内现有非农建设用地和其他零星农用地应当整理、复垦或调整为基本农田，规划期间确实不能复垦或调整的，可保留现状用途，但不得扩大面积；③禁止占用区内土地进行非农建设，禁止在基本农田保护区内建房、建窑、建坟、挖砂、采矿、取土、堆放固体废弃物或者进行其他破坏基本农田的活动；禁止占用基本农田发展林果业和挖塘养鱼；④基本农田保护区内，严禁安排城镇村建设用地和未列入项目清单的其他非农建设项目。⑤在不突破多划的基本农田规模的前提下，列入项目清单的建设项目占用基本农田时不再补划，简化相应用地报批程序。 同时，根据《基本农田保护条例》，基本农田保护区内的保护包括：①任何单位和个人不得改变或者占用基本农田。国家能源、交通、水利、军事设施等重点项目建设选址无法避开基本农田保护区，需要占用基本农田，涉及农用地转用或者征用土地的，必须经国务院批准。②禁止任何单位和个人在基本农田保护区内建窑、建房、建坟、挖沙、采石、采矿、取土、堆放固体废弃物或者进行其他破坏基本农田的活动	《丰都县都督乡土地利用总体规划（2006～2020年）》、《基本农田保护条例》[①]

① 资料来源：1988年12月27日国务院令第257号。

续表

序号	管制要素	要素含义及管制要求	来源依据
2	Ⅱ级保护林地	根据《全国林地保护利用规划纲要（2010～2020年）》，对Ⅱ级保护林地实施局部封禁管护，鼓励和引导抚育性管理，改善林分质量和森林健康状况，禁止商业性采伐。除必需的工程建设占用外，不得以其他任何方式改变林地用途，禁止建设工程占用森林，其他地类严格控制	《全国林地保护利用规划纲要（2010～2020年）》
3	公路防护范围	根据《公路安全保护条例》（2011年7月1日起执行），从县道都彭路（XA88）用地外缘起向外划定不少于10米的公路建筑控制区范围。在公路建筑控制区内，除公路保护需要外，禁止修建建筑物和地面构筑物；公路建筑控制区划定前已经合法修建的不得扩建，因公路建设或者保障公路运行安全等原因需要拆除的应当依法给予补偿；在公路建筑控制区外修建的建筑物、地面构筑物以及其他设施不得遮挡公路标志，不得妨碍安全视距	《公路安全保护条例》（2011年7月1日起执行）
4	城镇供水水源保护区	地下水饮用水源保护区由市、区县（自治县、市）人民政府环境保护行政主管部门会同同级人民政府水利、国土资源、卫生、建设等有关行政主管部门，根据饮用水水源地所处的地理位置、水文地质条件、供水量、开采方式和污染源的分布情况提出划定方案，报同级人民政府批准。 根据《重庆市饮用水水源污染防治办法》（重庆市人民政府令第159号），在地下水饮用水源准保护区内禁止下列行为：①利用污水灌溉农田；②利用土壤净化污水；③施用高残留或剧毒农药；④利用储水层孔隙、裂隙、溶洞以及废弃矿坑储存石油、放射性物质、有毒化学品、农药等；⑤利用溶洞、渗井、渗坑、裂隙排放、倾倒含病原体的污水、含有毒污染物的废水或者其他废弃物；⑥使用无防止渗漏措施的沟渠、坑塘等输送或者贮存含病原体的污水、含有毒污染物的废水或者其他废弃物	《重庆市饮用水水源污染防治办法》[①]

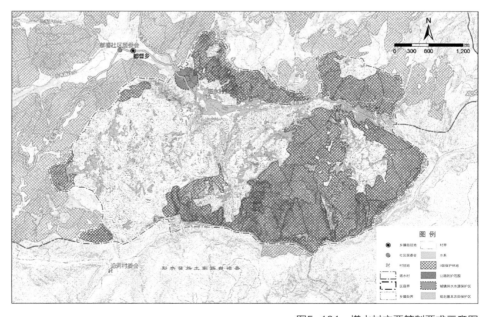

图5-101　塔水村主要管制要求示意图

① 资料来源：重庆市人民政府令第159号。

5.4.5　发展条件评价分析

（1）优势

1）区位优势明显，市场前景广阔

塔水村处于丰都、彭水、石柱三省交界处，是渝东北、渝东南诸多旅游景区过渡区域，与丰都县内旅游景区优势互补共同构建起丰都南部山地休闲旅游格局。在南天湖与仙女山旅游景区影响下，旅游区客源市场具有广阔的开拓空间。

2）自然资源丰富，历史文化底蕴深厚

塔水村与南天湖、仙女山处于同一纬度，相对封闭的环境使其保存了良好的自然生态环境，也为生物资源的多样性提供了良好的大环境，原生态环境尚未受到人为的过度扰动和破坏，生物多样性特征明显。村域内自然资源丰富，地貌景观奇特，乡村院落、民居、山、林、庙、寺等资源要素齐备，属于原生态乡村环境的典型，俨然呈现出一副"绿树村边合，青山郭外斜"的恬静高山乡村景象。

3）人口压力小，旅游开发时机及条件逐渐成熟

随着城镇化的影响，村内人口逐年减少，按照都督乡城乡总体规划塔水村规划人口为200人，人口密度不高，不仅生态压力较小，而且给未来旅游流动人口规模拓展提供了足够的空间。同时，在"乡村振兴"等宏观政策强力推动及国民经济水平提高的双重影响下，自驾游、生态徒步游等户外活动受到旅游者青睐，塔水村的原生态环境的开发条件及时机到来。

4）旅游开发具有后来居上的后发优势

塔水村旅游开发目前尚处于起步阶段，大部分旅游资源的原始度较好。在丰都县全面发展旅游业的大环境下，借鉴其他景区经验，结合自身实际，有利于发挥后发优势。在丰都县统一旅游格局的前提下规划高起点、高标准地旅游产品，塑造旅游精品形象，能够实现跨越式发展，达到后来者居上的目的。

（2）劣势

1）资源丰富但不是一线精品资源

塔水村自然资源、人文资源较多，但是并非一线精品资源，相较于周边资源不具备资源特色性。

2）建筑风貌不统一，人文遗迹缺乏合理保护

村内具有一定数量的传统民居，多数年久失修，村民为改善居住条件，随意搭建、加建，使建筑环境杂乱，且近年新建建筑多数采用砖混结构，风貌风格与传统民居不一。

村内的陈硝寺、塔水寺具有重要的文物研究价值，但是缺乏合理的保护与

利用。

3）资源点分散，村内交通联系性较差

村内资源以县道（XA88）两侧田园及山体自然资源为主线，人文资源塔水寺、陈硝寺等为辅助，资源点稀疏，缺少旅游兴奋点，且受地形影响，资源点的联系不畅，尤其是南部靠近隶樘河峡谷区域，交通联系极为薄弱。

4）旅游产品开发落后，尚未形成品牌，知名度较低

塔水村乃至都督乡旅游业发展处于较低水平。目前全村旅游业基本处于未开发状态，尚无明确的游览项目与游览路线，也没有建成一个正规的景区。尚未对旅游产品进行任何的包装，各资源点内容单调，多数还处于原始或半原始状态，管理粗放、设施简陋、功能不全，资源优势还没有很好地转化为产品优势和经济优势，无法形成具有强吸引力的旅游形象品牌。

5）基础设施条件差，有待完善

塔水村旅游环境与发展规模经营的旅游要求距离很远。村内现有的食宿、购物设施，以低端农家、便利店为主，旅游服务水平低下，不能满足游览的基本要素"吃、住、行、游、购、娱"要求。这样的状况使塔水村缺乏进一步吸引游客的能力，对自身的长远发展不利。

6）旅游专业人才匮乏，旅游从业人员素质较低

村内旅游意识刚兴起，旅游产业刚起步，产业规模小，加上缺乏旅游规划和旅游建设的专业人才，致使旅游产业发展受到一定限制，影响了旅游业的发展。塔水乡村旅游的发展急需大量专业人才，而事实情况是，人才没有被很好地吸纳到塔水村旅游的发展进程中来，塔水村缺乏完善的培养本土人才的旅游教育体系，旅游人才的稀缺已经成为制约旅游高速发展的一大障碍。

（3）机会

1）宏观环境创造旅游发展大机遇

2017中央1号文件《关于深入推进农业供给侧结构性改革，加快培育农业农村发展新动能的若干意见》提出乡村发展应做大做强优势特色产业。实施优势特色农业提质增效行动计划，促进杂粮杂豆、蔬菜瓜果、茶叶蚕桑、花卉苗木、食用菌、中药材和特色养殖等产业提档升级，把地方土特产和小品种做成带动农民增收的大产业。大力发展木本粮油等特色经济林、珍贵树种用材林、花卉竹藤、森林食品等绿色产业。

建设现代农业产业园。以规模化种养基地为基础，依托农业产业化龙头企业带动，聚集现代生产要素，建设"生产＋加工＋科技"的现代农业产业园，发挥技术集成、产业融合、创业平台、核心辐射等功能作用。科学制定产业园规划，

统筹布局生产、加工、物流、研发、示范、服务等功能板块。

大力发展乡村休闲旅游产业。充分发挥乡村各类物质与非物质资源富集的独特优势，利用"旅游+"、"生态+"等模式，推进农业、林业与旅游、教育、文化、康养等产业深度融合。丰富乡村旅游业态和产品，打造各类主题乡村旅游目的地和精品线路，发展富有乡村特色的民宿和养生养老基地。

乡村发展向旅游业的倾斜对其他相关产业具有带动作用，对产业结构具有优化作用，对剩余劳动力具有吸纳作用。生态旅游型高山村塔水正面临产业结构调整的战略机遇，国家乡村振兴政策将对塔水的旅游业发展带来战略机遇和发展空间。

2）旅游开发带来的市场机会

周边阿依河、黄水、仙女山、乌江画廊、南天湖已成为重庆市自驾游的热点地区。大区域旅游发展格局，旅游线路越来越热，为本区域旅游发展创造了十分有利的市场机遇，正好"借船出航"，加入区域旅游组团，渗入市场，打开旅游产品销路。

（4）挑战

1）周边竞争压力大

当前，周边很多地方都把发展乡村旅游作为振兴本地经济的重要战略来对待，旅游开发热度很高，市场宣传力度也很大，宣传投入也很多，市场竞争非常激烈。

2）旅游市场风险的威胁

旅游业经过多年持续高速的发展，旅游者的消费心理已趋成熟，消费行为越来越理性，旅游市场对产品的要求越来越高，尤其是体验与休闲旅游产品，各处基本雷同，旅游产品不仅越来越难于创新，而且由于旅游项目缺少有效的知识产权保护，容易被模仿复制，这就造成了旅游开发的风险和难度。

3）游客对塔水村的认知度不高

相比周边成熟知名景区，塔水村在川渝地区无相应的知名度，因此如何融入南天湖旅游度假区，突出项目独特性，打造特色品牌，主动承接起渝东南渝东北国度区域的旅游独家品牌，成为塔水村的重大挑战。

（5）对策

1）加强基础设施建设，提高服务水平，创造良好的乡村旅游环境

优良的旅游品牌必须要有优质的服务做支撑。村内基础服务设施极度缺乏，对于旅游环境有较大的影响，因此塔水村旅游建设对旅游基础六要素（吃、住、

图5-102　"旅游基础六要素"+"旅游拓展六要素"示意图（图片来自网络）

行、游、购、娱）、旅游拓展六要素（商、养、学、闲、情、奇）的打造和建设是旅游业蓬勃发展的大方向（图5-102）。

2）加强区域合作联动，强化竞争力

塔水村旅游发展要树立区域合作，互惠共赢的理念，加强与其他地区的协作，努力在协作区域之间建立无障碍旅游区，实现资源共享，市场互动，游客互送的协作局面。与渝东北景区、渝东南景区协作实现两区旅游发展过渡区，走旅游合作之路，在合作中谋发展，有利于各个旅游区，这是旅游业发展的必然趋势。

3）保护性开发，实现可持续发展的目标

保护塔水村乡村性乡土性、保护自然环境生态性，对塔水原生态环境的保护性开发，是资源可持续发展的出路。

4）培育旅游品牌，打造精品项目

精品战略，就是质量战略、市场战略、效益战略。通过旅游精品战略的实施，增强塔水村的旅游质量意识，旅游效益意识和旅游市场竞争意识，强化塔水村旅游形象塑造与传播，促进旅游管理，使旅游业的整体素质大大提高，推动旅游业的全面发展。依托塔水村的自然及人文资源，积极促进度假休闲精品、人文体验精品、田园休闲精品的打造。

5）加强宣传促销力度，扩大知名度

引入社会市场营销的观念和方法，将整个塔水村的旅游未来发展视为面向市场的产品，针对目标客源市场进行开发、包装和营销。镇政府有关部门一方面需要通过组织大型的活动（如举行农耕节、美食节、召开旅游交易会）并利用各种媒介大力宣传介绍塔水，让区内外各界认识、了解、熟识塔水，提高塔水的知名度；另一方面，组织干部民众学习、认知发展旅游的紧迫性，使广大民众树立旅游经济意识，爱护塔水的各项公共设施和人文建筑，自觉维护塔水的形象，积极主动地投入到发展旅游的洪流中去。

5.4.6　产业发展规划

塔水村位于丰都最南部，区域交通格局完善，村内高山自然资源丰富，山体清秀旖旎，田园风光淳朴，高山与田园具有和谐而震撼的视觉冲击感，形成一道亮丽的高山风景线。村内现状产业以一产（烤烟、粮油）为主，随着周边区域旅游业的兴起以及各级政府对旅游业的重视，乡村产业转型势在必行，乡村旅游业应时而生。

（1）产业发展思路

规划着眼区域，承接渝东北区域向渝东南区域旅游过渡功能，强化与本县南天湖·雪玉山旅游度假区旅游品牌的呼应，以该区海拔优势、地貌景观及良好的生态环境为基础，紧紧围绕高山村乡村田园化、景区化打造，构建以农业观光旅游、避暑休闲旅游和民俗文化体验旅游相融合的可复制、可推广的、可借鉴的高山型生态旅游村。

（2）产业发展策略

1）构建全域旅游思维，培育全域旅游产业链

从目前多数区域的旅游状况来看，最大的问题是资源和周边的地区不能共享，使旅游成为专门游、断头游，与周边景区不能形成环线，规划产业应建立区域旅游发展观，结合南天湖·雪玉山旅游度假区、仙女山国际旅游度假区等资源及项目建设，构建完整旅游产业链，完善区域旅游产业业态，培育创新业态，把塔水旅游放到渝东北、渝东南旅游发展的大框架下，并纳入大旅游环线中。

2）农旅结合，促进乡村景区化发展

一方面积极引导农业的优化升级，促进一产"二产化"、一产"三产化"，促使高山特色化农业资源转型，优化配置旅游要素，将旅游要素融入到农业产业活动中。

另一方面，全域旅游战略，突破了传统的以抓景点为主的旅游发展模式，向景区化发展，乡村作为旅游的目的地之一，乡村生活氛围、居住模式、建筑文化、院落机理等作为乡村景区化的一部分，可为旅游大大增色，同时利于乡村转型，实现产居一体，更便于配套设施的共享。

3）项目带动，重点培育，以点带面

培育龙头项目，形成核心引擎，以点带线，以线促面，形成辐射全域的产业格局。

（3）产业发展原则

1）依托资源和环境开发创新性旅游产品

在开发自然、生物和人文旅游资源本身的同时，把资源组合转化为本区旅游规划的背景和环境，充分发挥资源和环境优势，突出静谧高山、乡土文化、神秘自然的理念，做好高山避暑、田园体验、自然观光、度假休闲等活动产品，在项目策划的力度和深度上做文章，增加产品的实用性、游客参与性和积极性。

2）旅游经济与农村社区发展结合

旅游区中休闲度假旅游的发展及高山生态农业产业的开发，能拉动当地旅游餐饮、住宿、交通运输业、农业、农业加工业、旅游购物的发展，带动当地经济飞跃，从而形成一种生态经济、旅游经济与地方经济整合的发展态势；基础设施建设与农村社区建设整合起来，由设施建设推动农村建设。同时，当地经济的发展，也能够更加有效促进旅游的深入开发和建设，从而形成互动发展格局。

3）旅游开发与环境保护结合

因为本区旅游资源中的森林资源、山地资源及生态农业资源具有双重性，既是旅游资源又是环境构成要素。因此在开发旅游产品以及旅游设施建设时，要更加注重保护这些资源。他们是旅游区发展以及整个区域经济发展增长的支撑，更是本地可持续发展的重要保障。

（4）产业发展目标

以高山资源及乡村田园风光为基础，重点发展生态农业种植、农副产品加工、田园体验休闲、高山避暑度假、人文体验等农旅产业，形成以生态农业和旅游业为龙头的复合型产业经济，打造渝东南、渝东北过渡区高山乡土度假综合体。

（5）产业布局

尊重生产力布局的垂直地带性：在交通条件、水资源条件较为良好，地势平坦，田园广阔的低海拔区域，主要发展以生态农业为基础，以一产二产化、一产三产化为提升的生态旅游业，以及配套相应的基础服务配套设施；在交通条件薄弱，配套设施缺乏，海拔较高的区域，现状以高山林地为主，主要发展高山生态观光、避暑度假等生态旅游业。

规划依托各区资源禀赋及发展目标形成"一核，两带，三区，多点"的产业布局模式。

1）"一核"为塔水村公共服务及旅游服务核心，以集中居民点建设为契机，建设高山田园生态风情村，利用传统建筑文化与田园休闲形成互惠体，高起点规划、高标准配套各项服务设施。主要承担餐饮、住宿接待、特色产品交易等产业功能，并组织民俗风情节等旅游活动。

2）"两带"为"田园风情观光带"、"高山旅游服务带"。

3）"田园风情观光带"依托县道（XA88）打造，以3000亩田园风光为基础，由西至东贯穿整个田园风情区；"高山旅游服务带"垂直于山体，贯穿三个产业区，形成全村旅游服务轴。

4）"三区"分别为"高山田园风情区"、"高山生态游览区"、"猎奇秘境区"。

5）"多点"为塔水村境内各级景点及项目。

（6）分区项目策划

1）高山田园风情区

①旅游资源：高山田园3000亩、塔水寺、原色乡土、建筑文化等。

②主要功能：塔水村高山脚下的平坝区域，沿县道（XA88）分布，海拔在1000～1200m之间，包括大面积的生态农田，用地条件良好，农业环境好，是塔水主要的对外展示区，适宜开展生态农业、休闲农业，以田园度假、田园休闲、农耕体验、乡情体验等农业及旅游活动。

③开发思路：

构建旅游与乡土生活文化互惠综合体。以原色乡土、原本生活作为旅游核心资源和开发导向，突出"田园"、"生活"主题，构建"田园诗意生活和风情农业园"两大板块。

④项目策划：

田园诗意生活包括为村民建设高山田园生态风情村以及高端田园休闲风情农庄。高山田园生态风情村结合集中居民点建设，以传统穿斗建筑文化，传统院落机理，强化乡土村落原生性，完善旅游配套设施、服务设施、接待设施，提升塔水村整体形象，增强游客体验性；田园风情农庄依靠高山纯净静谧的环境，以"园"建"庄"，以"庄"带"园"，以自给自足的田园牧歌生活方式吸引游客体验现代农业与田园生活的融合，打造塔水农业品牌和名片。

风情农业园以生态农田为基础，发展现代休闲农业园，以高山蔬果种植为核心，建设一批生态旅游项目：塔水梯田、田园牧歌、农耕科普园、塔水湖湿地、乡村酒家、生态渔村、高山农产集市、农产加工坊等。

2）高山生态旅游区

①旅游资源：高山密林、气候凉爽、陈硝寺、灯塔炼铁遗址。

②主要功能：塔水村海拔较高的山顶区域，海拔1200～1600m，交通条件较弱，规划以南天湖·雪玉洞旅游区为支撑，结合资源禀赋，以高山休闲、避暑、度假为主要功能，推出商务会议、避暑度假、森林休闲、生态游憩、人文旅游等产品系列。

③开发思路：

开发和保护并重。将高山村落搬迁与旅游开发相结合，利用高山地区散居村落的搬迁和集中，流转闲置用地作为旅游项目开发，严禁违规违法开发生态管制区域。

分区开发，多区联动。结合区域资源及交通条件，分为西部人文旅游区、东部避暑度假区，在西部人文旅游区、东部避暑度假区两区之间以及两区与高山田园风情区、猎奇秘境区之间，以及各区与村外周边区域建设车行、步行交通联系通道，强化资源共享。

④项目策划：

人文旅游区以灯塔炼铁遗址、烤烟房为基础，结合森林资源，开展人文旅游观光及体验活动，包括塔楼民宿（烤烟房改造）、炼铁遗址观光、自驾营地、森林狂欢基地等项目；避暑度假区以东部交通相对独立山体（陈硝寺）为主，以高端避暑度假为主，开发悬峰避暑山庄、轻奢树屋、商务会馆、陈硝寺人文景点等项目。

3）猎奇秘境区

①旅游资源：森林资源、隶樨河峡谷。

②主要功能：该区域为塔水村南部相对封闭的区域，与彭水接壤，面朝峡谷，森林茂密，是发展科考探秘、户外探险、丛林穿越的好选择。

③开发思路：

保护为主，突出"神秘"、"奇"、"险"的丛林密境主题，加强与生态旅游区的联系，建设步行通道。

④项目策划：

该区域项目包括科考秘境区、峡谷观光、峡谷探险环线、丛林天栈、云端观景台、溪涧觅境等。

在各区项目开发的同时，应加强节庆活动的策划与开展，增强游客的体验性和参与性，增大宣传力度，如美食狂欢节、音乐节、户外赛事等。

产业项目布局如图5-103所示。

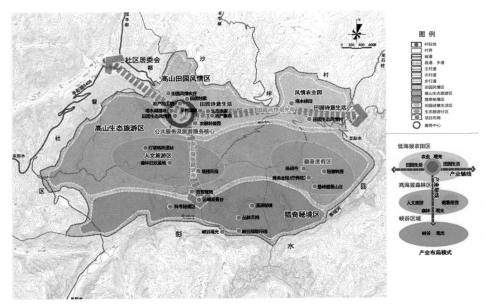

图5-103 产业项目布局图

5.4.7 居民点规划

（1）居民点分布现状

现状居民点用地面积18.06hm²，共210户，667人，现状人均居住用地面积达到270m²，塔水村居民点分布主要分为两个区域。一部分在沿县道（XA88）两侧坪坝区域呈线性分布，交通通达性及生产生活条件较好；另一部分居民点分散于海拔较高的高山区域，交通薄弱，基础配套设施欠缺，农田分布零散，居民生产生活条件差。

（2）居民点布局思路

按照旅游型高山村布局理论，采取居民点分散布局和旅游建筑集中布局相结合的模式，对村内居民点进行调整。按照因地制宜、经济实用为原则，结合乡村旅游产业的打造，选择地质条件好、构造稳定、交通便利，建设工程投入相对少，见效快，方便农村居民居住的地点，建设集中居民点，鼓励村民从传统的散居走向聚居，居民点的选择应尽量在现状建筑比较集中的区域，尽量靠近公共服务设施，对林地、耕地应尽可能避开。

（3）居民点布局

按照旅游项目布局及现状居民点分布情况，结合生态旅游型高山村居民点布局理论，在尊重村民撤并的意愿基础上，整合全村分散居民点，高海拔区散居居民点向低海拔坪坝居民点集中，低海拔坪坝小居民点向大居民点集中。

高海拔区散居居民点向低海拔坪坝居民点集中：塔水村内高海拔地区居民点分散且规模小（1~5户），受地形限制交通不便，生产条件差，居民生活质量低下，由于不满足配套服务设施的人口规模，且设施配置难度大，生产生活条件难以得到改善，因此建议将高山区散居居民点逐步向低海拔坪坝区域集中，高海拔区域资源条件优良，作为生态旅游发展核心区（图5-104）。

低海拔坪坝小居民点向大居民点集中：塔水村内坪坝区域即县道（XA88）两侧区域，农田耕作基础好，生产条件优良，交通便利，居民点多而无序，应从土地集约、设施共享方面推进居民点集中，集中居民点选址与周边产业发展相协调（图5-105）。

规划保留现状道头坝、陈硝寺卫生室附近2个居民点，作为全村集中居民点建设，以建筑新建和见缝插针相结合的方式进行安置（表5-30）。

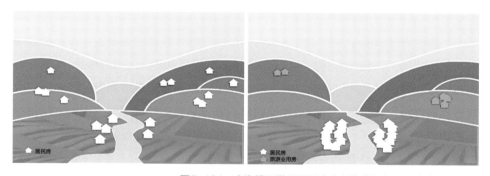

图5-104　高海拔区散居居民点向低海拔坪坝居民点集中示意图

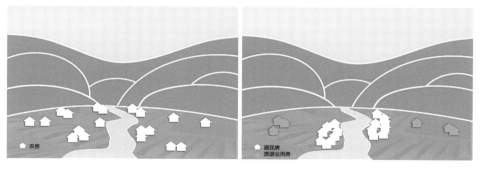

图5-105　低海拔坪坝小居民点向大居民点集中示意图

塔水村居民点规划汇总表　　　　　表5-30

序号	用地名称	用地面积（hm²）
集中居民点		2.45
1	道头坝居民点	1.87
2	陈硝寺卫生室居民点	0.58
散居居民点		0.18

（4）用地标准

根据《重庆市土地管理规定》的相关规定，主城区外宅基地标准为每人20～30m²。3人户以下按3人计算，4人户按4人计算，5人以上户按5人计算。

（5）居民点等级

按照"村级中心——次级中心"两级布置居民点，其中道头坝两个居民点联合形成村级中心，陈硝寺卫生室附近居民点为次级中心。

1）村级中心（道头坝居民点）

分南北两区，位于全村平坝区域村委会处两侧，沿县道分布，建设用地规模1.87hm²，以现状为基础，做为安置高山地区搬迁居民的主要集中居民点，配置便民中心、增设幼儿园、新建室外活动广场、配套健身设施、养老服务站及邮政代办点等村级公共服务，另配置垃圾收集点、公共厕所、停车场等设施。同时，作为塔水村旅游接待、旅游服务中心，配建相应的旅游服务设施。

2）村级次中心（陈硝寺居民点）

位于陈硝寺卫生室附近，用地规模分别为0.58hm²，配置文化活动室、室外活动广场、健身设施、放心店等设施，同时配建导游站、医疗救护站、垃圾收集点、公共厕所等旅游服务设施（图5-106）。

5.4.8　道路交通规划

（1）道路交通规划

1）对外交通规划

省道丰彭路（S406）：现状省道，于塔水村西北角穿过村内，宽为6m，泥混路面，向北联系都督乡、丰都，向南联系彭水。

县道都彭路（XA88）：现状道路，东西贯穿全村，宽6m，泥混路面，向西连接丰彭路（S406），向东接彭水境内，规划7～9m，结合旅游发展需求扩宽升级。

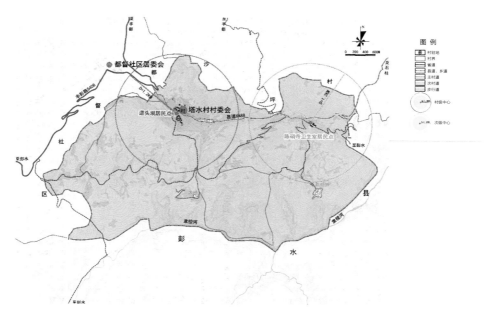

图5-106　居民点布局规划图

2）内部交通

塔水村内机动车道总长度约为22.3km，其中硬化12.5km、泥结石道路9.8km，道路建设较为落后。村域现状道路呈现简单的"鱼骨形（丰字形）"：沿县道都彭路（XA88）两侧以一定间距纵向延伸次要道路，纵向延伸的次要道路垂直等高线，受地形限制，路网间距不均衡，道路以斜交与盘绕的方式纵向延伸，在坡度大的区域，形成典型的"之字路"、"半边路"和"盘山路"。规划以现状为基础，完善升级"鱼骨"形路网骨架，规划形成"一横三纵"的路网结构。

"一横"即县道都彭路（XA88），一方面承担对外交通功能，再则承担村内骨架路功能，其三兼具考虑田园区景观需求，打造田园风情观光轴线，规划成为周边城市游客周末、节假日的自驾游黄金线路。

"三纵"为垂直于等高线，主要服务于旅游项目，南北纵向通往各功能区的三条交通线路，分别为"一纵"三板桥通往大槽；"二纵"：湛家坪采石场通往大槽；"三纵"：陈硝寺卫生室通往陈硝寺的三条道路。

另外，强化与西部省道路丰彭路（S406）、南部沿河村的联系，加强与周边区域资源的共享共生。

村内骨架路网宽度6～7m，路面为沥青路面，并在坡陡、弯急处加装道路缓冲带、护栏。

支路：为各项目区内部道路，规划沥青路面，宽度3.5～4.5m，在转弯处设置防护栏。

3）步行交通体系

全村交通受地形限制较为严重，因此一方面将步行系统作为车行系统的补充和完善，提高通达性，加强各区域旅游活动间的联系，另一方面开拓休闲探秘路径，作为户外探险、科考等活动路线。

（2）交通设施规划

规划新增2处农村客运招呼站，分别位于村委会及陈硝寺卫生室，以方便村民出行；规划4处停车场，分别位于村委会、陈硝寺卫生室、陈硝寺、大槽附近（图5-107）。

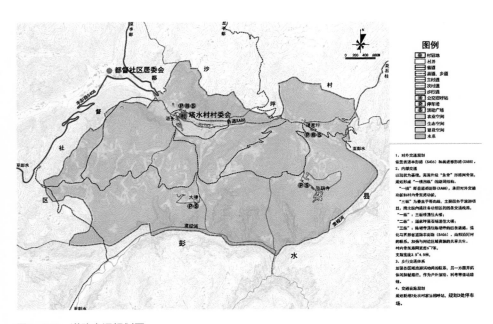

图5-107　道路交通规划图

5.4.9　公共服务设施规划

（1）公共服务设施现状

按照《重庆市城乡公共服务设施规划标准》（DB50/T 543-2014），塔水村内基本公共服务设施包括便民服务、医疗卫生、商业设施、公共文化和体育设施等，总体来看，养老服务设施、文化与体育设施较为缺乏，商业设施规模小。

塔水村公共服务设施现状情况　　　　　　　　　表5-31

设施项目	配置情况	配置特征
村便民服务中心	占地面积600m² （含小广场用地）	集村委会办事大厅、农家书屋、多功能活动室、办公室、卫生室、群众工作室于一体，便民服务中心旁的小广场的配套有篮球场、乒乓球台供村民娱乐和健身
村卫生室	塔水村卫生室和陈硝寺卫生室	村卫生室位于便民服务中心内，建筑面积40m²，医护人员1人，床位2张；陈硝寺卫生室位于村北县道都彭路（XA88）旁，建筑面积约为50m²，医护人员1人，无床位
基础教育设施	无	原小学位于村北县道都彭路（XA88）旁，占地面积300m²，建筑面积160m²，现处于闲置状态
公共文化与体育设施	有	多功能活动室、健身体育设施均位于村委会
商业设施	3处放心店	3家村民经营的便利商店

（2）公共服务设施配置思路

按照《保留型高山村基本公共服务设施建议》以及《乡村旅游主导型高山村旅游服务设施配置建议》，塔水村公共服务设施构建"村级——游客公共服务设施和一般居民点"两级体系。

（3）公共服务设施配置规划（图5-108，表5-32）

村级公共服务设施：主要服务于全村，位于道头坝集中居民点与村委会处，

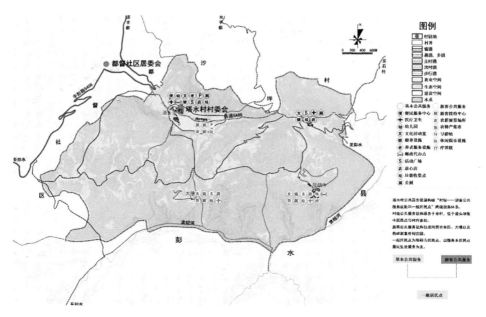

图5-108　公共服务与环卫设施规划图

塔水村公共服务设施规划一览表 表5-32

级别	服务基地名称	主要设施
村级 公共服务	道头坝居民点 （村委会）	便民中心、幼儿园、卫生室、多功能活动室（文艺活动、棋牌、电脑室、阅览、多媒体放映等）、室外活动广场、健身设施、养老服务站、放心店、邮政代办点、垃圾收集点、公厕
游客 公共服务	风情农业园	农耕文化和农器具展览场所、农特集市、停车场、综合旅游服务中心（小学改建）、垃圾收集点、公厕
	大槽	文化活动室（棋牌、文艺活动）、室外活动广场、健身设施、放心店、导游站、医疗救护站等、垃圾收集点、公厕
	悬峰避暑度假山庄	文化活动室（棋牌、文艺活动）、室外活动广场、健身设施、休闲娱乐设施、疗养院、邮政代办点、放心店、导游站、医疗救护站、垃圾收集点、公厕
一般居民点 公共服务	陈硝寺居民点	文化活动室、卫生室、室外活动广场、健身设施、放心店、导游站、垃圾收集点、公厕

同时由于地处风情农业园内，因此该处旅游设施与村级公共服务设施应共享，实现互惠经济。村级公共服务主要包括提档升级便民服务中心，新建室外活动广场，配套健身设施，增设幼儿园、养老服务站及邮政代办点。

游客公共服务设施：主要包括风情农业园、大槽以及悬峰避暑度假庄园三个区域的设施配置。

风情农业园面积较广，且包括村级公共服务及陈硝寺一般居民点，配套设施以服务农业旅游活动为主，设置农耕文化和农器具展览场所、农特集市、停车场、综合旅游服务中心（小学改建）等，其余设施与两处居民点共享。

大槽为生态旅游区与猎奇秘境区两个区域服务，规划配置文化活动室、室外活动广场、健身设施、放心店、导游站、医疗救护站等。

悬峰避暑度假庄园以避暑为主题，主要设置文化活动室、室外活动广场、健身设施、休闲娱乐设施、疗养院、邮政代办点、放心店、导游站、医疗救护站等

一般居民点：为陈硝寺居民点，以居民生活服务为主，配置卫生室、室外活动广场、健身设施、放心店、导游站等。

以上服务基地都必须设置垃圾收集、公厕等服务设施。

5.4.10 市政设施规划

（1）给水设施规划

1）给水量预测

给水量预测采用居民生活用水定额法计算，根据塔水村地区特征和《村镇供水工程技术规范》（SL310-2004）规定的取值范围，并结合当地经济发展规划，最高

日居民用水定额取值为100L/d·人，公建用水量按上述生活用水量的5%计算，管网漏失水量和未预见水量按上述用水量之和的10%计算。预测远期全村用水量77立方米/天。用水总量不包括消防用水量，消防用水量不作为村庄供水总量计算。

2）给水系统规划

道头坝居民点纳入城镇供水系统，由三板桥蓄水池供水，陈硝寺居民点提高蓄水池容量至30m³、原来村内的30口分散蓄水池就近为旅游项目服务，或者作为灌溉水源。集中居民点、旅游接待地等重点区域可采取环状供水以保证供水稳定性。局部采用枝状分布，提高供水的安全性。市政给水支管最小取100mm，覆盖居民居住点、人口密集区域及公共设施，以充分考虑村民生产生活用水及室内外消防用水等要求。设置室外消火栓，间距不超过120m，采用SS100/65型。每个消火栓的有效保护半径为150m，连接消火栓的管径不小于DN100。

3）灌排设施

规划建设农业生产灌排一体系统。灌溉设计标准按80%保证率，抗旱天数按30d设定。以地表水为水源，逐步建立起一定标准的农业灌溉体系，尤其保证山下平坝区域的农田灌溉，提高农业抗灾能力，同时推广节水灌溉新技术新理念。

4）水源地保护

三板桥饮用水源保护范围内不得修建渗水的厕所、化粪池和渗水坑，现有公共设施应进行污水防渗处理，取水口应尽量远离这些设施。

水源保护范围内生活污水应避免污染水源，根据生活污水排放现状与特点、农村区域经济与社会条件，按照《农村生活污染技术政策》（环发〔2010〕20号）及有关要求，尽可能选取依托当地资源优势和已建环境基础设施、操作简便、运行维护费用低、辐射带动范围广的污水处理模式。

给水排水规划如图5-109所示。

（2）排水设施规划

1）污水量预测

生活污水量取平均日用水量的90%，整个村域产生的总污水量约为70m³/d。

2）污水系统规划

规划在村域内新建3处生态污水处理池：道头坝1处，日处理能力为50m³/d；陈硝寺居民点、悬峰避暑度假庄园各1处，日处理能力均为30m³/d，其余地区的旅游项目建设可修建化粪池或沼气池来处理污水。

3）雨水系统规划

规划区范围内，在建筑物较少的区域可采用明渠排水或结合地形地势采用分散方式排放，并结合道路绿化进行设计。在建筑密集，硬化地面较多的集中居民

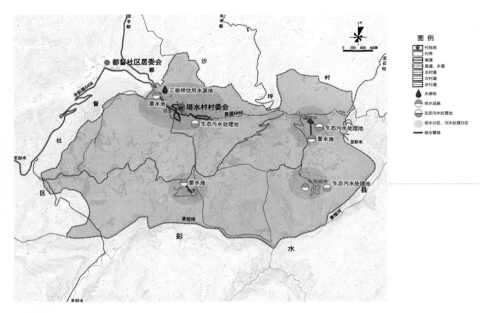

图5-109 给水排水规划图

点，雨水采用管道进行收集，辅以渗水井、沉砂池等简易雨水处理利用设施，作为地下水补水、灌溉绿化水源或直接排入就近水体。

充分利用山前水塘、洼地滞蓄洪水进行山洪防治，以减轻下游排泄渠道的负担。规划区范围内山体山脚应沿等高线修建截洪沟，防止山洪对人民生命财产产生威胁。对现状的泄洪通道依据相关规范予以保护。

（3）电力设施规划

1）用电量预测

根据《重庆市城乡规划电力工程规划导则（试行）》的相关标准，电力负荷按600kWh/人·年进行预测，预测塔水村总电力负荷为40万kW。

2）电力工程规划

规划逐步拆除高山搬迁区变压器，在居民点集中处及重要旅游项目区新建变压器，完善10kV网架，按照低压500m供电半径进行配变节点。新建居民点在条件允许的情况下10kV及以下等级电力线考虑下地敷设，进一步推进农村电网改造，提高供电的安全性和经济性。

（4）通信设施规划

1）需求量预测

根据《重庆市城乡规划通信工程规划导则》，通信规划需求预测标准应按村固定电话安装规划普及率宜为40~60门/百人，有线电视用户应按1线/户的入户率标准进行规划。规划安装固定电话约为350门，有线电视约为210线。

2）通信设施规划

在人口较为集中的道头坝、陈硝寺卫生室居民点分别新建通信基站、邮政代办点，基于景观需求的考虑，可考虑统一在地下设置管线，并大力发展各种先进通信业务，促进农村信息化建设，加快实施宽带网入户工程，逐步实现广播、有线电视、宽带等多网合一。

（5）燃气设施规划

逐渐改变农村使用薪柴能源的传统，提高村域燃气使用比例，最大范围的接入燃气管网，服务于全村，并因地制宜，积极推进沼气利用，开展生物质能利用设施推广，进一步推动太阳能路等新型能源的普及。

电力、通信、燃气规划如图5-110所示。

（6）环卫设施规划

加强村庄环卫设施建设，根据镇村布局规划要求，主要景点配置相应的垃圾桶、垃圾箱及垃圾收集点。全面开展整治村庄环境的脏、乱、差活动，实行垃圾袋装化管理，配备专职人员收集垃圾，采取"村收集——镇中转——县处理"的模式，每天由镇里统一中转运走。

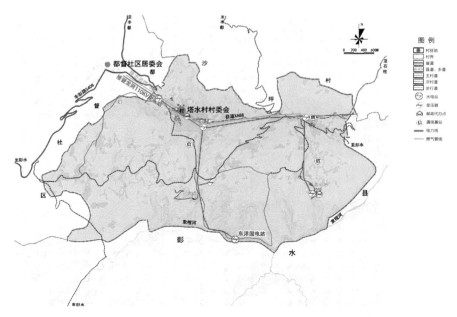

图5-110　电力、通信、燃气规划图

5.4.11　环境保护与防灾规划

（1）水环境保护规划

严格保护引用水源，集中式饮用水水源水质达标率100%，坚决取缔水源保护区内的直接排污水，禁止有毒物质进入饮用水水源保护区，强化水污染事故的预防和应急处理，加强对水源涵养区植被的保护。

加快生态排洪沟的建设，规划采用人工湿地处理系统和净化沼气池相结合的方式处理污水，提高污水处理率，污水处理应达到《城镇污水处理厂污染物排放标准》的三级标准要求。

（2）大气环境保护规划

调整能源结构，接入市政燃气管线，并推广清洁能源的使用，提倡绿色交通，确保常规空气污染物达标。严格控制扬尘污染、工业废气污染和机动车尾气污染。

（3）植被保护规划

除规划的耕地整治建设，低产田改造项目外，加大原来的竹林、杂树林、院落附属的植物群落的保护力度，不准随便开荒种地，挖坑取土，伐砍树木，尽力保护自然的原生态植被。

（4）建设环境保护规划

进入村域的建设项目严格执行建设项目环境影响评估和环境保护制度，达到国家和地方规定的污染排放标准和总量控制要求。

（5）固体废弃物污染防治

实现垃圾分类收集，废品回收，调整民用燃料结构等措施，对垃圾进行源头减量和资源化回收利用。垃圾收集率基本达到90%，垃圾无害化处理率基本达到100%。

（6）防灾减灾规划

1）建设用地选址时，须避开断裂带及易发生滑坡、泥石流、地陷、地裂、崩塌的地质不良的地带。加强规划建设区内工程地质勘查工作力度，在具体工程项目规划设计之前应对潜在地质灾害进行普查和确认，并采取相应的防护措施。

2）集中居民点应定期进行消防检查，消除火灾安全隐患，通过对村民消防培训增加防火意识，按规定配置灭火器，并利用雨水收集池等方式增加火灾自救能力。

3）洪灾防治应充分利用山前水塘、洼地滞蓄洪水进行山洪防治，以减轻下游排泄渠道的负担。设置救援系统，包括应急疏散点、医疗救护、物资储备和报警装置等。

5.4.12　乡村建筑风貌规划

（1）建筑分类控制原则

贯彻"重点保护、普遍改善、合理保留、不合理拆除"的原则，从建筑使用者的需求出发改善人居环境，从产业的长远发展出发整治村容村貌，使建筑成为乡村文化内涵与地方特色的传承与延续。

1）重点保护——村内的塔水寺、陈硝寺、静安大和尚墓和灯塔炼铁遗址等历史文物建筑，以及村内传统风貌特征明显、建筑质量较好的传统建筑或院落。这些建筑具有鲜明的地方传统特征，具有较高的研究当地宗教习俗及建筑艺术风格的价值。

2）普遍改善——符合土地利用规划，传统风貌特征明显，但是建筑质量一般或者较差的建筑可以确定为改善建筑。这些建筑一般配套设施不齐全，满足不了现代生活的需求。这种改善应以满足未来发展需求为指导原则。

3）合理保留——符合土地利用规划的新建建筑，如果采用巴渝建筑形式、使用传统建筑材料，并且体现地区传统风貌，其结构较好，配套设施较为完善，建议尽量保留。

4）不合理拆除——建筑质量较差、设施落后、风貌与村落环境不相协调甚至影响村落整体风貌的建筑或者位于高海拔区域生产生活不便的建筑，应逐步引导拆除。

（2）重点建筑保护策略

1）历史文化建筑

保护对象：塔水寺、陈硝寺、静安大和尚墓和灯塔炼铁遗址。

塔水寺位于塔水村1社，现状建筑完整，为典型的晚清时期寺庙建筑。该寺庙座东南朝西北，为悬山顶抬梁穿斗式木结构，青瓦覆顶，由前殿、后殿、左右厢房组成。前殿面阔五间17m，进深4.5m；后殿面阔五间17m，进深9m；厢房面阔1间4.7m，进深4.8m，通高6.3m。2009年第三次全国文物普查时确认为文物保护点。

静安大和尚墓、陈硝寺位于塔水村2社，静安大和尚墓是清中期嘉庆年间的得道高僧墓葬，以陈硝寺供奉之。该墓为宝塔式建筑，共有四层，下三层均为八边行，每边上有檐角，第四层为球形状，在下面底层正南方是正门，上面刻有"嘉庆元年七月十五日立"、"双林树下多劫修，圆满功德塔里住"、"灵山塔"等碑文，第二层上刻有"南、无、阿、弥、陀、佛、福"七个大字，第三层刻有佛像，两侧有花草。2009年第三次全国文物普查时确认为文物保护点。

保护策略：确定的文物保护单位（塔水寺、陈硝寺、静安大和尚墓）应编制具有前瞻性的文物保护规划；认识、宣传和保护文物古迹的价值；通过技术手段对文物古迹及环境进行保护、加固和修复，包括保养维护与监测、加固、修缮、保护性设施建设、迁移以及环境整治。控制文物古迹建设控制地带内的建设活动；及时消除文物古迹存在的隐患；对文物古迹定期维护；提供高水平的展陈和价值阐释。

灯塔炼铁遗址目前尚未定级划为保护范围，应由县级人民政府文物行政部门划定保护范围，并制定具体保护措施。在村规划后续工作中，根据文物保护的需要，事先由城乡建设规划部门会同文物行政部门商定对本行政区域内各级文物保护单位的保护措施，并纳入文物保护规划。针对这类现代史迹及代表性建筑的保护应突出考虑原有材料的基本特征，尽可能采用不改变原有建筑及结构特征的加固措施。增加的加固措施应当可以识别，并尽可能可逆，或至少不影响以后进一步的维修保护。

2）传统风貌建筑及院落

对于村内具有传统风貌代表特征的建筑和院落应给予保护，并进行适当的修缮，避免在其周边区域开展建设工程，同时结合产业打造及周边优美的自然环境，将其作为人文景观节点进行打造。

（3）民居建筑风貌控制

建筑风貌控制主要指对村内改善建筑进行功能完善和外观改造，对新建建筑进行风貌指导设计。规划从现状民居样式，提炼原有文化元素，总结建筑平面、建筑外观、建筑节能等方面的特征，制定建筑设计方案，体现地域特色。

改造建筑按照提出的建筑风貌及样式对功能和外观进行改善，新建建筑严格按照提出的建筑风貌及样式进行建设，以便于乡村建筑风貌的整体协调。

1）建筑平面控制

①建筑功能空间：现状建筑人厕分离，使用不便，自发搭建的卫生间卫生条件差，且影响整体建筑风貌；厨房烟不易排出，光线差，卫生条件欠佳。新建建筑应坚持厨、卫入户，改善人们的生活质量，提升整体风貌。

②储藏：现状居民乱堆、乱放，随意晾晒现象普遍，没有一定的储藏空间，在新建建筑中应增加储藏空间，方便居民生活。

③人畜混住情况：人畜混住严重影响卫生及风貌形象，因此在风貌控制中应人畜分离，村内建设牲畜养殖场，集中圈养，成立牲畜养殖经济合作社，形成养殖、管理、销售一体化。

④建筑平面控制：村内建设用地紧张，人口规模较小，规划按照集约用地的

原则，三人户、四人户以双拼户型为主，平面设计按照农村建房"三开间、正堂屋、大房间"的要求进行设计，单个开间不宜大于4.2m，呈院落围合式布局；主要房间朝向尽可能向南，利于节能保暖；临街户型主要房间朝向尽可能面向街道；每户宅基地面积控制在150m²内，房内配置采光通风良好的卫生间、厨房，院内设置农机车库或储藏室，提供村民农具存放空间，院坝及二层平台兼晒场。

2）建筑外观控制

①建筑屋顶：村内现状坡屋顶（悬山青黑瓦面）和平屋顶兼半，规划新建建筑风貌控制以坡屋顶为主，延续传统民居风貌，使用坡度在50%到55%的坡屋顶，可利用坡屋顶上方的空间作为阁楼，既可存放常用的物品又可以达到保温的效果，檐口高度应该限制在12m以内。

②建筑外墙：村内20世纪90年代前建筑为木结构；20世纪90年代后的建筑主要为2层砖混结构建筑，外墙多无涂饰，少部分外墙正面有白灰色涂面或白色瓷砖；2000年以后的建筑主要为砖混结构和钢混结构建筑，部分外墙为裸砖或灰色涂面，其余外墙有白色、橙色等瓷砖装饰。现状建筑外墙形式多样，较为杂乱，规划新建建筑外墙应简洁，颜色不宜过多，采用白色、浅黄色作为主要色调，以木色的线条和线脚装饰使其与传统民居风貌相协调，尽可能少用面砖、马赛克等材料。

③门窗：村内现状传统建筑多为木质门窗，近年新建建筑多为铝合金玻璃窗以及卷帘门，门窗样式多且风貌不统一，对塔水村传统建筑风貌影响较大。规划新建建筑门窗应力求统一协调，窗户的品种不宜太多，以木质门窗或者仿木门窗为主，挖掘传统民居上的门窗花纹装饰符号，丰富立面效果，突出地域特色。

④外廊：村内现状建筑外廊包括传统建筑的木廊及近年新建建筑的欧式风格外廊，规划新建建筑选取较为简洁的分格式栏杆为建筑构件，彰显川渝民居特色。禁止使用欧式花瓶柱、不锈钢等光面材料。

⑤建筑材质：拆除现状建筑的彩钢屋顶、石棉瓦等，新建建筑禁止使用石棉瓦、彩钢瓦等破坏风貌的材料；墙面禁止使用空心砖、直接混凝土饰面墙、彩色磁砖墙等影响风貌的墙面材料。风貌控制中墙面材料的使用主要凸显民居特色以及与自然、原生态风貌的协调。

⑥建筑高度的控制：现状建筑以2～3层为主，建筑高度在10m以内，规划新建建筑体量与现状保持一致，一层建筑坡屋顶层高控制在4.5～5m左右，两层的建筑坡屋顶层高控制在7.5～8m，三层坡屋顶层高控制在10.5～11m之间。

3）建筑节能环保设计

新建建筑可设置绿色屋顶以及屋顶雨水收集系统，同时增设雨水收集桶，过滤收集的雨水可用作清洁、灌溉之用。

新建居民点户型如图5-111、图5-112所示。

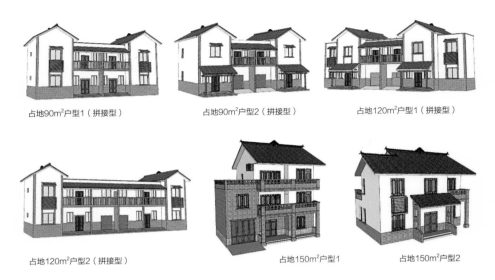

图5-111　新建居民点户型效果图（一）

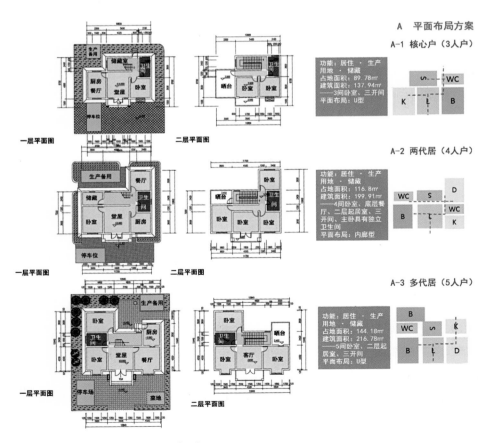

图5-112　新建居民点户型平面图（二）

（4）旅游建筑风貌控制

在不破坏生态的原则下，以尊重自然及人文环境的态度进行规划设计，减少对原有地形及地貌的破坏，延续传统建筑风格，使用传统建筑材料和建筑符号，建设与周边环境相协调的体现乡土风情，反映鲜明乡村意象的休闲度假旅游建筑（图5-113）。

图5-113　避暑度假休闲建筑示意图

5.5　本章小结

本章首先针对搬迁型高山村的现状特征，从搬迁方式、安置方式、集中区选择和安置政策建议四个方面对搬迁型高山村的搬迁安置路径、方法提出了规划指引。

其次，针对保留型高山村从产业发展、居民点布局、道路体系、公共服务设施、市政基础设施以及建筑规划与保护六个方面提出了具体的规划对策。在规划对策中，对应高山村的主导产业——农业生态和乡村旅游，提出有针对性的规划理念、规划布局模式等内容，制定符合保留型高山村特征的规划措施。

产业发展方面，规划农业生态主导型高山村以现代农业和特色农业为主要发展方向，乡村旅游主导型高山村以农业观光旅游、避暑休闲旅游、民俗文化旅游为主要发展方向，并提出相对应的发展指引。

居民点布局方面，规划农业生态主导型高山村适度集中过于分散的居民点，规划乡村旅游主导型高山村的居民点分散布局和与旅游建筑集中布局相结合。

道路体系方面，提出适宜高山村地区的三类路网形式——"一字形"、"鱼骨形"和"自由形"。规划生态农业主导型高山村构成以机耕道和生产道路为主的道路体系，乡村旅游主导型高山村强化道路功能和沿线景观，构建以公路为主的道路体系。

公共服务设施方面，明确了保留型高山村基本公共服务设施配置内容和乡村旅游设施配置内容。规划生态农业主导型高山村构建"村级—重要居民点级——般居民点级"三级公共服务设施体系，乡村旅游主导型高山村构建"村级——游客公共服务设施和一般居民点级"两级公共服务设施体系，并明确各类体系中公共服务设施的建设内容。

市政基础设施方面，规划从排水系统、给水系统、环卫设施以及热能利用四个方面对保留型高山村的市政基础设施提出了建设指引。

建筑规划与保护方面，规划生态农业发展区住宅保留传统由场院、住房和附属用房构成的居民住宅院落。乡村旅游发展区村民住宅规划以2~3层建筑为主，旅游住宅与当地环境相协调。在传统建筑保护方面，规划从传统建筑、村落选址和格局形态等物质遗产，建筑和村落所承载的民俗文化、传统手工艺技术、传统节日等非物质文化和村落文化生态系统两个层面提出了保护对策。

第 6 章

结论与展望

6.1 主要研究结论

　　高山村是生态保护与生态涵养的关键区域，也是脱贫致富的攻坚领域。受特定的自然地理、生态服务、社会经济等因素的影响，高山村具有与一般村不同的个性特征，其规划建设尤其需要谨慎。本文认为高山村的主动规划刻不容缓，并基于地理信息技术和地理信息数据，识别重庆市高山村的数量与空间分布，经对高山村发展条件的系统梳理和深入分析，提出高山村分类指导的规划对策。

　　（1）重庆市有595个高山村。基于国内外相关理论与实践的梳理，结合重庆市的具体情况，从操作与实施的角度，本文认为高山村是指位于高山地区的行政村，具有自然地理、生态服务（含文化功能）、社会经济、政府管理四个方面的内涵。通过对高山村概念内涵的解读，进一步分解出相应的指标，并经整合各指标的相互关系，本书认为同时符合村域面积60%以上海拔高度超过1000m、村域平均坡度大于25°、起伏度大于500m的行政村三个条件的即为高山村。利用现有地理数据资源，借助遥感及地理信息技术，以行政村边界为基本单元，对构建的高山村识别指标体系进行评价，结果显示重庆市有595个高山村，涉及我市18个区县，主要分布于渝东北片区和渝东南片区，集中分布于大巴山、巫山–七曜山、武陵山、大娄山四大山系。

　　（2）217个高山村发展条件较差，建议搬迁。结合国家和我市高山生态扶贫搬迁的有关政策，经过对高山村的资源条件、经济发展基础、人口居住集中度、配套设施条件、地域空间限制因素、地灾风险性因素等进行分析评价，本书认为有217个高山村不宜人居，建议进行搬迁。针对搬迁型高山村的现状调查和特征总结，本文提出整体搬迁、集中安置，整体搬迁、分散安置，部分搬迁、集中安置，部分搬迁、分散安置四种方式，并认为搬迁型高山村无需再编制建设规划或整治规划，重要基础设施配置也应撤离搬迁型高山村。

　　（3）378个保留型高山村仍具有较大的个体差异，应形成分类指导的规划对策。梳理378个保留型高山村，有的以自然风光著称，有的以文物古迹闻名，有的林果业发达，资源条件仍千差万别，必须进行分类指导，制定差异化的规划对策。基于资源本底的分析评估，进一步细分为293个生态农业型高山村和85个乡村旅游型高山村，针对保留型高山村的现状情况，分别从产业发展、居民点布局、道路系统、市政基础设施、公共共服务设施和村民住宅设计等方面提出相应的规划对策。

6.2　主要创新与不足

6.2.1　主要创新

（1）构建了我市高山村的识别标准。作为一种特殊的类型，目前国内外对高山村的研究与实践较少，对高山村的认定标准存在不同的看法。参考国内外的有关研究，结合我市的实际情况，对高山村概念进行了明确界定，提出高山村是一个包含了自然地理、生态服务（含文化功能）、社会经济、政府管理四个方面内涵的综合概念。通过进一步梳理和整合，最终构建了由海拔高度、坡度、起伏度共同构成的高山村识别的指标体系。

（2）摸清了我市高山村的现状特征。利用现有地理数据资源，借助遥感及地理信息技术，对构建的高山村识别指标体系进行了评价，确定了高山村落的数量及空间分布。与此同时，分析了高山村的发展现状，总结了高山村的现状特征及存在问题。针对高山村相对复杂且个体差异较大的特征，进一步对高山村的发展条件进行了评价，系统全面掌握了高山村的发展情况。

（3）划分了我市高山村的不同发展类型。高山村同时兼有有利条件和不利因素，在不同的组合特征和特定的经济技术条件下，不同的高山村具有不同的人居适宜性。针对这一特征，参考国家政策和有关地方实践，构建了高山村的分类评价指标体系，将全市高山村分为搬迁、保留发展两种类型。搬迁型高山村是生态条件十分恶劣、生态环境十分敏感、生产条件十分不便需要搬迁的高山村，并结合相关政策提出了搬迁型高山村的安置对策。

（4）提出了保留村分类指导的规划策略。保留村是指发展条件相对较好可以保留的高山村。经过梳理保留村的资源禀赋，进一步将高山村划分为生态农业型高山村、乡村旅游型高山村两类。针对两种类型的不同状况，提出了产业发展、居民点布局、道路系统、市政基础设施、公共共服务设施和村民住宅设计等不同的建设路径和发展模式，为高山村的可持续发展提供了分类指导的规划对策。

6.2.2　不足之处

本研究结合重庆市的实际情况，参考国内外相关理论与实践，构建了高山村识别的指标体系，摸清了重庆市高山村的数量与空间分布，并基于高山村发展不平衡的现实状况的正确认识，将高山村划分为搬迁型和保留型两种类型，按照保留型高山村的资源禀赋，进一步将保留村划分为生态农业发展型、乡村旅游和避暑休闲发展型、历史文化特色和丰富乡土文化资源型三种类型，针对不同类型提

出不同的调整或建设模式，具有一定的理论创新与实践指导意义。但是，由于本
人水平和资料稀缺的限制，从现实操作层面看，本研究仍存在一些不足需要进一
步研究和攻克。

（1）搬迁型高山村的操作路径分析不足。搬迁型高山村虽然已经识别出来，
但并未给出具体的操作路径，比如搬迁村的时序安排、搬迁形式、安置方式等，
需进一步分析和研究，以便于有序地进行搬迁型高山村的搬迁工作。

（2）保留型高山村的规划对策有待进一步加强。保留型高山村的个体差异较
大，目前的三种类型划分，仍难以完全概括出保留型高山村的资源特色，还需进
一步挖掘保留型高山村的个性特征并进行合理分类，提出分类指导的规划对策。

6.3　研究展望

本书的目的是识别重庆市高山村的数量及空间分布，并根据高山村的个性特
征，提出分类指导的规划对策。由于本人水平及资料稀缺的限制，仍有进一步深
入研究的空间。在对未来研究的展望中，至少有以下两个方面值得在后续研究和
实践中投入精力与智慧：

（1）搬迁型高山村的搬迁路径研究。针对搬迁型高山村，综合民意调查和限
制发展因素分析，形成不同的组织引导模式，为有步骤、有计划实施搬迁型高山
村的搬迁工作提供重要依据。比如，按照生态环境和现状发展条件对高山村发展
的限制程度，将搬迁型高山村划分为近期搬迁、逐步搬迁、引导搬迁三种类型；
按照限制因素对高山村影响范围的不同，将搬迁型高山村划分为整村搬迁、局部
搬迁两种类型；按照搬迁型高山村的不同安置方式，将搬迁型高山村划分为异地
安置、就地安置两种类型。

（2）保留型高山村的规划深化研究。针对保留型高山村，深入分析高山村的
基本特征，理顺高山村的空间特色要素，提出高山村经济生产、生态保护、人居
环境建设、文化特色传承等具体的规划对策。比如，精准找寻高山村特色资源，
明确高山村的产业发展动力和优势，合理规划产业发展空间；充分体现控制与引
导的关系，合理评价空间宜居性，将保留型高山村划分为保留但需要控制、保留
并可扩展两种类型并提出相应的空间规划对策；进一步繁荣与振兴乡村文化，以
乡土化的规划手法去复合地赋予高山村延续生长的内力。

参考文献

［ 1 ］ Barry J J, Hellerstein D. 2004. Farm tourism [A]// Outdoor recreation for 21st Century America [G]. PA: Venture Publishing.

［ 2 ］ Basnyat B, Murdoch D R.2003.High–altitude illness [J]. The Lancet, (361): 1967–1974.

［ 3 ］ Bhaduri B, Bright E, Coleman P, Urban ML. 2005. LandScan USA: a high–resolution geospatial and temporal modeling approach for population distribution and dynamics[J]. GeoJournal, (69): 103–117.

［ 4 ］ Cohen J, Small C.1998. Hypsographic demography: The distribution of human population by altitude [J]. Proceedings of the National Academy of Sciences, 1998 (11): 14009–14014.

［ 5 ］ Demek J, 1989. Embeton C. International Giomorphological Map of Europe (1:2500000)[J]. Cartography,Lithography and Printing.Geodetky a KartografickyPraha. S.P, (2): 45–51.

［ 6 ］ Dobson M J. 1997. Contours of Death and Disease in Early Modern England[M]. Cambridge University Press.

［ 7 ］ Haining. Spatial Data Analysis in the Soeial and Environmental Scienee[M].London: Cambridge University Press,1994.

［ 8 ］ Linde J, Grab S.2008. Regional Contrasts in Mountain Tourism Development in the Darken sober, South Africa [J]. Mountain Research and Development, 28 (1): 65–71.

［ 9 ］ Luck GW. 2007. A review of the relationships between human population density and biodiversity[J]. Biological Reviews, 82(4): 607–645.

［ 10 ］ Moore L G.2001. Human Genetic Adaptation to High Altitude[J]. High Altitude Medicine & Biology, 2001, 2(2): 257–279.

［ 11 ］ Nicholas Minot, Bob Baulch.2005. Spatial Patterns of Poverty in Vietnam and Their Implications for Policy[J]. Food Policy, 30(6): 461–475.

［ 12 ］ Ohn wiley. 2001.The Senior Drive Market in Australia[J]. Journal of Vacation Marketing,(3):209–219.

［ 13 ］ Randall J L, Gustke L D. 2005. Top ten travel and tourism trends[EB/OL]. http://www. visitfingerlakes. com/partners/images/research/2005_Top_Ten_Travel_and_Tourism_ Trends. pdf.

［ 14 ］ RiePley B D. Spatial statisties[M]. New York: Wiley, 1981.

［ 15 ］ Riley J C. 1987. The Eighteeth Century Campaign to Avoid Disease[M].London: Macmillan.

［ 16 ］ Small C, Naumann T.2001. The global distribution of human population and recent volcanism[J]. Global Environmental Change Part B:Environmental Hazards, (3): 93–109.

［ 17 ］ Small C, Nicholls RJ. 2003. A global analysis of human settlement in coastal zones[J]. Journal of Coastal Research, 19(3): 584–599.

［ 18 ］ Unwin D. Introductory Spatial Analysis[M]. London: Mwthuen, 1981.

［ 19 ］ Valaoras G, Pistolas K, Sotiropoulou H Y. 2002. Ecotourism revives rural communities: The case of the Dadia Forest Reserve, Evros, Greece[J]. Mountain Research and Development, 22(2): 123–12.

［ 20 ］ З.А. Сварицевская, Горы, их образование и кдассифйкация, Сгруктурная. 1975. геоморфопогия горных стра [М]. нМосква излательсто 《Наука》 .

[21] Lewis W A. Economic Development with Unlimited Supply of Labor[J]. The Manchester School of Economic and Social Study, 1954(22): 139–191

[22] Krugman P. Geography and Trade[M]. Cambridge: The MIT Press, 1991.

[23] 北京市规划委员会,中国城市规划设计研究院. 2007. 北京市村庄体系规划（2006–2020）[Z]. 北京.

[24] 柴宗新. 1983. 按相对高度划分地貌基本形态的建议[A]. 中国地理学会地貌研究文集[C]. 北京: 科学出版社, 90–97.

[25] 曹珂,肖竞. 2013. 契合地貌特征的山地城镇道路规划——以西南山地典型城镇为例[J]. 山地学报, 31（4）: 473–481.

[26] 曹萍. GIS支持下的农村居民点分布特征及用地扩展模拟研究—以柘溪镇为例[D]. 湘潭: 湖南科技大学, 2013.

[27] 陈华. 2011. 西南丘陵山区农村道路构建及其景观效应[D]. 重庆: 西南大学博士论文.

[28] 陈甲全. 2009. 北京西部山区古村落保护与开发研究[D]. 北京: 中科院地理所.

[29] 陈江平,傅仲良,边馥苓,等. 基于空间分析的空间关联规则提取[J]. 计算机工程, 2003, 29（11）: 29–31.

[30] 陈升琪. 2003. 重庆地理[M]. 重庆: 西南师范大学出版社.

[31] 陈述彭,鲁学军,周成虎. 地理信息系统导论[M]. 北京: 科学出版社, 2000.

[32] 陈威. 2007. 景观新农村: 乡村景观规划理论与方法[M]. 北京: 中国电力出版社.

[33] 重庆市扶贫办. 2013. 5年内搬迁50万高山困难群众[EB/01]. http://politics.people.com.cn/n/2013/0204/c70731-20429047.html

[34] 习承泰. 1990. 重庆市地貌分析方法探讨[J]. 西南师范大学学报, 15（4）: 491–497.

[35] 冯健. 2012. 乡村重构: 模式与创新[M]. 北京: 商务出版社.

[36] 封志明,张丹,杨艳昭. 2011. 中国分县地形起伏度及其人口分布和经济发展的相关性[J]. 吉林大学社会科学学报, 51（1）: 146–151.

[37] 高兴明. 2014. 将重庆打造成西北冬季蔬菜供给基地的思考[J]. 农村工作通信, （22）: 34–35.

[38] 耿宜顺. 基于GIS的城市规划空间分析[J]. 规划师, 2000, 16（6）: 12–15.

[39] 郭仁忠. 空间分析[M]. 北京: 高等教育出版社, 2001.

[40] 龚园园,张照韩,于艳玲等. 2012. 我国南北农村生活污水处理模式研究[J]. 现代生物医学进展, 12（1）: 132–136.

[41] 韩勇,陈戈,李海涛. 基于GIS的城市地下管线空间分析模型的建立与实现[J]. 中国海洋大学学报, 2004, 34（3）: 506–512.

[42] 花可可. 2010. 重庆丘陵山区农村道路格局及设计研究[D]. 重庆: 西南大学硕士论文.

[43] 黄光宇. 2006. 山地城市学原理[M]. 北京: 中国建筑工业出版社.

[44] 黄杏元,汤勤. 地理信息系统概论[M]. 北京: 高等教育出版社, 1989.

[45] 何景明,李立华. 2002. 关于乡村旅游概念的探讨[J]. 西南师范大学学报（人文社会科学版）, 28（5）: 125–128.

[46] 胡苏,朱月河. 2013. 村庄道路系统规划研究[J]. 小城镇建设, （8）: 89–92.

[47] 胡纹,何虹熳. 2014. 山地环境下耕作半径优化农村居民点布局的实证研究[J]. 西部人居环境学刊, 29（2）: 106–111.

[48] 蒋冰璇. 2015. 注重旅游生态的高海拔地区自驾游基地规划设计研究[D]. 成都: 西南科技大学硕士论文.

[49] 经济发展司. 2008. 国家民委公布2007年民族自治地方农村贫困监测结果 [EB/01]. http://www.seac.gov.cn/art/2008/10/8/art_3926_79492.html,10-08.

[50] 蒋翌帆. 2009. 基于GIS云南省高山地区土地适宜性评价——以澜沧县为例 [D]. 昆明：昆明理工大学硕士论文.

[51] 克里斯蒂安·柯勒. 2009. 高山植物功能生态学 [M]. 吴宁，罗鹏，等，译. 北京：科学出版社.

[52] 柯新利. 空间分析在数字城市中的应用 [J]. 咸宁学院学报，2005，25（6）：98-101.

[53] 李秉龙. 2004. 中国农村贫困公共财政与公共物品 [M]. 北京：中国农业出版社.

[54] 李炳元，潘保田，韩嘉福. 2008. 中国陆地基本地貌类型及其划分指标探讨 [J]. 第四纪研究，28（4）：535-543.

[55] 李德仁，龚健雅，边馥苓，等. 地理信息系统导论 [M]. 北京：测绘出版社，1993.

[56] 李国政. 2001. 民族地区发展高山特色产业的经济效应调查——以长阳县发展高山蔬菜为例 [J]. 改革与开放，（7）：107-108.

[57] 李含琳. 2013. 中国"三西"扶贫30年的辉煌历程 [J]. 甘肃农业，（3）：3-5.

[58] 李立敏. 2011. 村落系统可持续发展及其综合评价方法研究 [D]. 西安：西安建筑科技大学博士论文.

[59] 李晓琴，缪寅佳. 2011. 高山、极高山地区山地旅游可持续发展研究——以康定木雅贡嘎地区为例 [J]. 国土与自然资源研究，（5）：72-73.

[60] 李云强，齐伟，王丹等. GIS支持下山区县域农村居民点分布特征研究——以栖霞市为例 [J]. 地理与地理信息科学，2011，27（3）：73-77.

[61] 廖顺宝，孙九林. 2003. 青藏高原人口分布与环境关系的定量研究 [J]. 中国人口资源与环境，13（3）：62-67.

[62] 刘清春，王铮，许世远. 2007. 中国城市旅游气候舒适性分析 [J]. 资源科学，29（1）：133.

[63] 刘仙桃，郑新奇，李道兵. 2009. 基于Voronoi图的农村居民点空间分布特征及其影响因素研究——以北京市昌平区为例 [J]. 生态与农村环境学报，（2）：30-33，93.

[64] 刘雪，刁承泰，张景芬，等. 2006. 农村居民点空间分布与土地整理研究——以重庆江津市为例 [J]. 安徽农业科学，34（12）：2834-2836.

[65] 刘焱，阮静. 2010. 村镇规划与环境整治 [M]. 哈尔滨：哈尔滨工程大学出版社.

[66] 刘燕华，王强. 2001. 中国适宜人口分布研究——从人口的相对分布看各省区可持续性 [J]. 中国人口资源与环境，11（3）：34-37.

[67] 刘园园，金颖若. 2010. 避暑旅游产业发展概述 [J]. 生态经济，（6）：115-118，123.

[68] 刘祖云，武小龙. 2013. 农村"空心化"问题研究：殊途而同归 [EB/01]. http://www.zgxcfx.com/Article/53534.html,1-22.

[69] 孟利伟. 2014. 易地扶贫搬迁研究——以山西省五台县为例 [D]. 太谷：山西农业大学硕士论文.

[70] 缪寅佳. 2012. 高海拔地区山地旅游产品开发与经营研究——以贡嘎西坡为例 [D]. 成都：成都理工大学硕士论文.

[71] 赖格英. 地理信息系统空间分析模型与实现方法的分析和比较 [J]. 江西师范大学学报（自然科学版），2003，27（2）：164-166.

[72] 覃物. 2015. 黔东南少数民族民俗文化旅游开发研究 [D]. 武汉：华中师范大学.

[73] 瞿梨利. 2015. 九环线高海拔藏区新村综合发展与规划研究 [D]. 绵阳：西南科技大学硕士论文.

[74] 沈茂英. 2006. 山区聚落发展理论与实践研究 [M]. 成都: 四川出版集团巴蜀书社.

[75] 石诗源, 鲍志良, 张小林. 村域农村居民点景观格局及其影响因素分析—以宜兴市 8个村为例 [J]. 中国农学通报, 2010, 26 (8): 290-293.

[76] 陶冶, 葛幼松, 尹凌. 2006. 基于GIS的农村居民点撤并可行性研究 [J]. 河南科学, 24 (05): 771-775.

[77] 王波, 王夏晖, 郑利杰. 2016. 我国农村污水处理行业发展路径探析 [J]. 小城镇建设, (10): 17-19, 37.

[78] 王成. 2014. 基于GIS和AHP法的乡村避暑地选址研究—以重庆市南川区为例 [D]. 重庆: 西南大学硕士论文.

[79] 王春菊, 汤小华, 吴德文. 2005. 福建省居民点分布与环境关系的定量研究 [J]. 海南师范学院学报 (自然科学版), 18 (1): 89-92.

[80] 王德刚. 2003. 民俗旅游开发模式研究—基于实践的民俗资源开发利用模式探讨 [J]. 民俗研究, (1): 51-58.

[81] 王劲峰, 武继磊, 孙英君, 等. 空间信息分析技术 [J]. 地理研究, 2005, 24 (3): 464-472.

[82] 王丽, 汪晓晖. 2016. 新农村建设中雨水利用研究综述 [J]. 山西建筑, 42 (7): 132-134.

[83] 王夏晖, 陆军, 熊跃辉, 等. 2014. 农村环境连片整治技术模式与案例 [M]. 北京: 中国环境出版社: 57-59.

[84] 王子鱼. 2012. 野外求生 [M]. 北京: 机械工业出版社.

[85] 吴殿廷. 2006. 山岳景观旅游开发规划实务 [M]. 北京: 中国旅游出版社.

[86] 吴天一, 陈资全, 王晓琴. 2008. 青藏之旅健康行: 青藏高原健康旅游指南 [M]. 西宁: 青海人民出版社.

[87] 毋河海. 关于GIS中缓冲区的建立问题 [J]. 武汉测绘科技大学学报, 1997, 22 (4): 358-364.

[88] 许娟. 2011. 秦巴山区乡村聚落规划与建设策略研究 [D]. 西安: 西安建筑科技大学博士论文.

[89] 杨海艳. 2013. 我国人居适宜性的海拔高度分级研究 [D]. 南京: 南京师范大学硕士论文.

[90] 杨志恒. GIS空间分析研究进展综述. 安徽农业科学, 2012, 40 (3): 1918-1919.

[91] 于彤舟, 郭睿. 2006. 北京村庄体系规划研究 [J]. 北京规划建设, (3): 21-24.

[92] 约翰·怀斯曼. 2004. 怀斯曼生存手册: 终极指南 [M]. 张万伟, 于靖蓉, 译. 北京: 北方文艺出版社.

[93] 岳健, 雷军, 马天宇, 等. 2009. 关于新疆人居环境自然适宜性评价的讨论 [J]. 干旱区资源与环境, 23 (11): 1-2.

[94] 张亮. 2012. 黔东南民族村落社会发展的有效途径—基于岑扛侗寨的实证研究 [D]. 杨凌: 西北农林科技大学硕士论文.

[95] 张善余. 1999. 人口地理学概论 [M]. 上海: 华东师范大学出版社.

[96] 张晓亮. 2015. 陕西凤县休闲农业与乡村旅游发展研究 [D]. 杨凌: 西北农林科技大学硕士论文.

[97] 张小林. 1998. 乡村概念辨析 [J]. 地理学报, 53 (4): 365.

[98] 赵彬. 2015. 四川省中高山地区村落重建规划方法研究 [J]. 四川建筑, 35 (6): 49-52.

[99] 《中国地理丛书》编辑委员会. 1990. 中国综合地图集 [M]. 北京: 中国地图出版社.

［100］中国科学院成都地理所. 1982. 四川省地貌区划［M］. 成都：四川人民出版社.

［101］中国科学院自然区划委员会. 1959. 中国地貌区划［M］. 北京：科学出版社.

［102］中科院地理所. 1987. 中国1：1000000地貌图制图规范（试行）. 北京：科学出版社.

［103］钟玉秀，王亦宁. 2013. 我国农村生活排水和污水处理发展对策［J］. 中国水利，（1）：35-37.

［104］左大康. 1990. 现代地理学辞典［M］. 北京：商务印书馆.

［105］费景汉，拉尼斯. 劳动剩余经济的发展：理论与对策［M］. 王璐，赵天朗，等. 译. 北京：经济科学出版社，1992.

［106］Walter Christaller. 德国南部中心地原理［M］. 常正文，等. 译. 北京：商务印书馆，1998.

［107］吴超. 城市区域协调发展研究［D］. 广州：中山大学博士论文，2005.

［108］杨娜. 县域城乡统筹发展综合评价研究［D］. 北京：中国农业科学院硕士论文，2010.

［109］廖彩荣，陈美述. 乡村振兴战略的理论逻辑、科学内涵与实现路径［J］. 农林经济管理学报，2017，16（6）：795-802.

［110］钟钰. 实施乡村振兴战略的科学内涵与实现路径［J］. 新疆师范大学学报（哲学社会科学版），2018，39（5）：1-6.

［111］吴亚伟，张超荣，等. 实施乡村振兴战略，创新县域乡村建设规划编制［J］. 小城镇建设，2017（12）：16-23.

［112］黄璜，杨贵庆，等. "后乡村城镇化"与"乡村振兴"——当代德国乡村规划探索及对中国的启示［J］. 城市规划，2017，41（11）：111-119.

［113］安国辉，张二东，等. 村庄规划与管理［M］. 北京：中国农业出版社，2009.